ERGEBNISSE DER MATHEMATIK UND IHRER GRENZGEBIETE

UNTER MITWIRKUNG DER SCHRIFTLEITUNG DES
„ZENTRALBLATT FÜR MATHEMATIK"

HERAUSGEGEBEN VON

P. R. HALMOS · R. REMMERT · B. SZŐKEFALVI-NAGY

UNTER MITWIRKUNG VON

L. V. AHLFORS · R. BAER · F. L. BAUER · R. COURANT · A. DOLD
J. L. DOOB · S. EILENBERG · M. KNESER · T. NAKAYAMA
H. RADEMACHER · B. SEGRE · E. SPERNER
REDAKTION P. R. HALMOS

=============== NEUE FOLGE · BAND 5 ===============

REIHE:

GRUPPENTHEORIE

BESORGT

VON

R. BAER

SPRINGER-VERLAG

BERLIN · GÖTTINGEN · HEIDELBERG

1963

LA GÉOMÉTRIE DES GROUPES CLASSIQUES

PAR

JEAN DIEUDONNÉ

SECONDE ÉDITION
REVUE ET CORRIGÉE

AVEC 2 FIGURES

SPRINGER-VERLAG
BERLIN · GÖTTINGEN · HEIDELBERG
1963

Introduction.

Les théories exposées dans ce fascicule sont, *grosso modo*, celles qui font l'objet du premier tiers de l'ouvrage de B. L. VAN DER WAERDEN: *Gruppen von linearen Transformationen*, paru antérieurement dans cette collection. L'étendue beaucoup plus grande qui leur est donnée ici reflète avant tout le nombre assez considérable de travaux sur le sujet qui ont vu le jour depuis vingt ans, et qui, en bien des endroits, ont amené une refonte notable des points de vue sous lesquels on considérait ces questions autrefois. D'autre part, s'il ne pouvait être question, dans le cadre qui nous était assigné, de donner des démonstrations complètes, on a cependant cherché, beaucoup plus que dans l'ouvrage précité, à en indiquer au moins les principes, le plus souvent possible.

Parmi les groupes de transformations linéaires, seuls les groupes dits «classiques» sont considérés dans ce qui suit[1], et les questions traitées à leur sujet relèvent de la partie «élémentaire» de la théorie des groupes, gravitant essentiellement autour des deux notions de sous-groupe et d'homomorphisme. Les parties de la théorie qui font intervenir des notions plus complexes, comme la théorie des représentations linéaires des groupes, ou des considérations de topologie ou de géométrie différentielle, ne sont pas abordées; l'outil à peu près unique qui intervient dans les démonstrations reste l'algèbre linéaire, sous la forme, fortement influencée par le langage et les conceptions de la géométrie, qu'elle a prise à l'époque moderne.

Evanston, 1ᵉʳ Octobre 1954.

JEAN DIEUDONNÉ.

---

[1] Pour les récents et importants travaux sur les groupes «exceptionnels», qui ne rentraient pas dans le cadre de cet exposé, voir notamment H. FREUDENTHAL [1, 2, 3], J. TITS [3] et C. CHEVALLEY [3, 4, 5].

Préface à la seconde édition.

Depuis la parution, en 1955, de la première édition de ce volume, d'assez nombreux travaux sur les groupes classiques ont été publiés, apportant sur bien des points des améliorations importantes, tant en ce qui concerne les méthodes que les résultats; on a cherché dans cette nouvelle édition à en tenir compte dans la mesure du possible, et à mettre à jour la Bibliographie. Il faut toutefois signaler qu'il n'est pratiquement pas fait mention dans le texte du progrès le plus spectaculaire accompli dans ces dernières années: depuis les travaux décisifs de C. CHEVALLEY, tant en ce qui concerne la construction de groupes simples à partir des algèbres de Lie simples complexes [5], que la classification des groupes algébriques semi-simples sur un corps algébriquement clos [6], on dispose pour la première fois de procédés généraux, faisant de larges emprunts à la théorie de Lie et à la géométrie algébrique, qui permettent de traiter de façon *uniforme* un grand nombre de questions de la théorie des groupes classiques, sans être obligé comme par le passé d'examiner isolément chaque type de groupe. Plusieurs mathématiciens, à la suite de CHEVALLEY lui-même, ont déjà mis en œuvre avec succès ces méthodes générales, et il y a tout lieu d'espérer que leur développement futur couvrira pratiquement toutes les matières traitées dans ce volume; en attendant, un exposé des résultats acquis jusqu'à ce jour dans cette voie doit prochainement être fait par J. TITS dans la collection jaune.

Paris, 1er Octobre 1962.   JEAN DIEUDONNÉ.

Table des matières.

Chapitre I.

Collinéations et Corrélations

§ 1. Applications linéaires et semi-linéaires

Nous supposons connus dans ce qui suit les notions et résultats élémentaires d'algèbre linéaire (voir par exemple N. BOURBAKI [1] dont nous utilisons les notations). Par *espace vectoriel* on entendra toujours (sauf mention expresse du contraire) un espace vectoriel *à droite* E de dimension *finie* sur un corps K (commutatif ou non).

Soient K, K' deux corps, σ un *isomorphisme* de K *sur* K'. Soient E un espace vectoriel sur K, F un espace vectoriel sur K'. Une *application semi-linéaire* de E dans F, *relative à l'isomorphisme* σ, est une application u de E dans F, telle que l'on ait

$$u(x + y) = u(x) + u(y) \qquad \text{pour } x \in E, y \in E,$$

$$u(x\lambda) = u(x)\lambda^\sigma \qquad \text{pour } x \in E, \lambda \in K.$$

L'image par u d'un sous-espace de E est un sous-espace de F; l'image réciproque par u d'un sous-espace de F est un sous-espace de E. Le *rang* de u est la dimension de $u(E)$, qui est aussi égal à la codimension du noyau $u^{-1}(0)$ de u.

Soient K'' un troisième corps, τ un isomorphisme de K' sur K''. Soient G un espace vectoriel sur K'', v une application semi-linéaire de F dans G, relative à l'isomorphisme τ; alors $w = vu$ est une application semi-linéaire de E dans G, relative à l'isomorphisme $\sigma\tau$ de K sur K''. Si u est une application bijective de E sur F, u^{-1} est une application semi-linéaire de F sur E, relative à l'isomorphisme σ^{-1}.

Si $K' = K$, une application *linéaire* de E dans F n'est autre qu'une application semi-linéaire correspondant à l'automorphisme identique de K.

Soit $(a_i)_{1 \leq i \leq n}$ une base de E; l'application semi-linéaire u de E dans F est entièrement déterminée par la donnée de l'isomorphisme σ et des éléments $z_i = u(a_i)$ $(1 \leq i \leq n)$ de F; pour $x = \sum_{i=1}^{n} a_i \xi_i$, on a en effet $u(x) = \sum_{i=1}^{n} z_i \xi_i^\sigma$. Si $(b_j)_{1 \leq j \leq m}$ est une base de F, et $z_i = u(a_i) = \sum_{j=1}^{m} b_j \alpha_{ji}$, l'application u est donc déterminée par la matrice $A = (\alpha_{ji})$ à m lignes et n colonnes, dite matrice de u par rapport aux bases (a_i) et (b_j). Si u est une application bijective de E sur F (cas où $m = n$), la matrice de u^{-1}, par rapport aux bases (b_j) et (a_i), est $(A^{-1})^{\sigma^{-1}}$. Si v est une application semi-linéaire de F dans G, relative à l'isomorphisme τ, B la matrice de v par rapport à la base (b_j) de F et à la base (c_k) de G, la matrice de vu par rapport aux bases (a_i) et (c_k) est $B \cdot A^\tau$.

On appelle *collinéation* d'un espace vectoriel E sur un corps K toute application semi-linéaire *bijective* de E sur lui-même. Les collinéations de E forment un groupe, et pour deux espaces vectoriels de même dimension n sur K, il est clair que les groupes de collinéations sont isomorphes. Aussi désignerons-nous par $\Gamma L_n(K)$ le groupe des collinéations d'un espace vectoriel E de dimension n sur K, choisi une fois pour toutes (par exemple K^n considéré comme espace vectoriel à droite sur K).

Pour tout $\alpha \neq 0$ dans K, l'application $x \to x\alpha$ est une collinéation h_α, relative à l'automorphisme intérieur $\xi \to \alpha^{-1}\xi\alpha$ de K; on dit que h_α est l'*homothétie* de rapport α. Les homothéties forment un sous-groupe distingué H_n de $\Gamma L_n(K)$, et $\alpha \to h_\alpha$ est un *antiisomorphisme* du groupe multiplicatif K^* du corps K sur le groupe H_n. Une homothétie peut être caractérisée comme une collinéation *laissant invariant tout sous-espace vectoriel de E de dimension k* (pour *une* valeur quelconque de k telle que $1 \leqq k < n$).

Les collinéations de E qui sont des applications *linéaires** forment un sous-groupe distingué $GL_n(K)$ de $\Gamma L_n(K)$, dit *groupe linéaire général à n variables sur le corps K*, et isomorphe au groupe multiplicatif des matrices inversibles d'ordre n sur K. Les sous-groupes H_n et $GL_n(K)$ sont *centralisateurs* l'un de l'autre dans $\Gamma L_n(K)$ (cf. chap. II, § 1); leur intersection Z_n est leur *centre* commun, formé des *homothéties centrales* $x \to x\gamma$, où γ parcourt le groupe multiplicatif Z^* du centre Z du corps K, isomorphe à Z_n.

Si V et W sont deux sous-espaces vectoriels de E de même dimension, il existe toujours une transformation linéaire $u \in GL_n(K)$ telle que $u(V) = W$; autrement dit, pour tout r tel que $1 \leqq r \leqq n - 1$, le groupe $GL_n(K)$ opère *transitivement* dans l'ensemble des sous-espaces de dimension r.

Pour toute collinéation u, soit $\varphi(u)$ l'automorphisme de K qui lui correspond; l'application $u \to \varphi(u)$ est un homomorphisme de $\Gamma L_n(K)$ sur le groupe A des automorphismes du corps K, homomorphisme dont le noyau est $GL_n(K)$; d'où $\Gamma L_n(K)/GL_n(K) \cong A$.

Le groupe quotient $P\Gamma L_n(K) = \Gamma L_n(K)/H_n$ peut être identifié au groupe des *collinéations projectives* de l'espace projectif à droite

---

    * On dit encore qu'une application *linéaire* bijective de E sur F (espaces vectoriels sur le même corps K) est un *isomorphisme* de E sur F; les éléments de $GL_n(K)$ sont donc les *automorphismes* de l'espace vectoriel K^n.

$P(E) = P_{n-1}(K)$ de dimension $n - 1$ sur K (identifié à l'espace des droites de E); nous désignerons par $u \to \bar{u}$ l'homomorphisme canonique de ΓL_n sur $P\Gamma L_n$. A une collinéation projective $\bar{u}$ correspond, non pas un automorphisme σ de K, mais une *classe* $\bar{\sigma} = \bar{\varphi}(u)$ d'automorphismes de K, modulo le groupe I des automorphismes intérieurs de K (isomorphe à K^*/Z^*); $\bar{\varphi}$ est un homomorphisme de $P\Gamma L_n(K)$ sur le groupe A/I, dont le noyau est le groupe $PGL_n(K) = GL_n(K)/Z_n$ des applications linéaires projectives de $P_{n-1}(K)$ sur lui-même (*groupe projectif général à n variables sur K*); d'où $P\Gamma L_n(K)/PGL_n(K) \cong A/I$.

§ 2. Dilatations et transvections

Nous n'aborderons pas ici le problème de la *classification* des collinéations d'un espace vectoriel E sur un corps quelconque K: disons seulement que le problème consiste à donner des critères pour que deux collinéations u, v soient telles que $v = tut^{-1}$, où $t \in GL_n(K)$. Lorsqu'il s'agit d'un corps commutatif K et d'applications linéaires u, le problème est résolu par la théorie classique des *diviseurs élémentaires* (voir par exemple N. BOURBAKI [2]). Cette théorie a été généralisée aux collinéations quelconques par N. JACOBSON [1, 2 et 3], T. NAKAYAMA [1, 2], K. ASANO et T. NAKAYAMA [1] et J. HAANTJES [1]. Nous nous bornerons ici à examiner quelques cas particuliers qui nous seront utiles par la suite.

Soient V et W deux sous-espaces supplémentaires de E de dimensions respectives p et $n - p$ ($1 \leqq p < n$); toute collinéation u de E laissant invariants (globalement) V et W est entièrement déterminée par la donnée de ses restrictions v et w à V et W respectivement; ces collinéations forment donc un groupe, isomorphe au sous-groupe du produit $\Gamma L_p(K) \times \Gamma L_{n-p}(K)$, formé des couples (v, w) tels que les automorphismes de K correspondant à v et w soient les mêmes. Ce sous-groupe contient évidemment le produit $GL_p(K) \times GL_{n-p}(K)$ formé des collinéations *linéaires* laissant invariants V et W, qui en est un sous-groupe distingué.

Avec les mêmes notations, considérons maintenant les collinéations u laissant invariant *chaque élément* de V; il est immédiat que u est nécessairement *linéaire*, et est déterminée par sa restriction à un supplémentaire W de V. Pour $x \in W$, on peut écrire $u(x) = v(x) + w(x)$, où $v(x) \in V$ et $w(x) \in W$; v est une application linéaire arbitraire de W dans V, w une application linéaire arbitraire de W *sur* lui-même. Les applications linéaires v et w dépendent du choix du supplémentaire W de V, mais par passage au quotient, w donne une transformation linéaire de E/V sur lui-même, qui ne dépend que de u.

Considérons plus particulièrement le cas où $p = n - 1$, autrement dit où V est un *hyperplan* donné. Soit $W = aK$ une droite supplémentaire de V, et soit $w(a) = a\alpha$; l'élément $\alpha \in K^*$ n'est pas déterminé complètement par u, mais bien la *classe $\dot\alpha$ des conjugués* $\lambda\alpha\lambda^{-1}$ de α. Il y a deux cas à distinguer, suivant que $\dot\alpha$ est ou non réduite à l'élément unité 1 de K. Si $\dot\alpha \neq \{1\}$, on dit que u est une *dilatation*; on montre alors facilement qu'il existe une droite $W_0 = a_0 K$ et une seule, supplémentaire de V, et *invariante* (globalement) par u. Si $\dot\alpha = \{1\}$ et si u n'est pas l'identité, on dit que u est une *transvection*, dont V est l'hyperplan; on peut alors écrire, pour tout $x \in E$, $u(x) = x + a\varrho(x)$, où ϱ est une *forme linéaire* sur E telle que $V = \varrho^{-1}(0)$, et $a \in V$; ϱ et a ne sont pas entièrement déterminés par u, on peut remplacer ϱ par $\lambda\varrho$, où $\lambda \in K^*$, et alors a est remplacé par $a\lambda^{-1}$; le sous-espace $V_0 = aK \subset V$ est appelé la droite de la transvection u. Il n'y a aucune droite invariante par u et non contenue dans V.

Les dilatations et transvections dont V est l'hyperplan forment, avec l'application identique, un sous-groupe $D(V)$ du groupe $GL_n(K)$; les transvections d'hyperplan V et l'application identique forment un sous-groupe abélien distingué $T(V)$ de $D(V)$, isomorphe au groupe additif V, c'est-à-dire à K^{n-1}; le groupe quotient $D(V)/T(V)$ est isomorphe au groupe multiplicatif K^*. Les groupes $D(V)$ et $T(V)$ ont une interprétation simple lorsque, dans l'espace projectif $P_{n-1}(K)$, on prend l'hyperplan correspondant à V comme «hyperplan à l'infini»; alors $D(V)$ devient le groupe des transformations affines de K^{n-1} transformant toute droite en une droite parallèle, et $T(V)$ le groupe des *translations* dans K^{n-1}.

Deux dilatations (resp. deux dilatations de $D(V)$) sont conjuguées dans $GL_n(K)$ (resp. dans $D(V)$) si et seulement si elles correspondent à la même classe $\dot\alpha$ d'éléments conjugués de K^*. Deux transvections quelconques sont toujours conjuguées dans $GL_n(K)$ $(n \geqq 2)$; deux transvections de $T(V)$ sont conjuguées dans $D(V)$ si et seulement si elle correspondent à la même droite $V_0 \subset V$.

Pour qu'une transformation linéaire $v \in GL_n(K)$ soit permutable avec une transvection $u \in T(V)$, il faut et il suffit que: $1°$ $v(V) = V$; $2°$ $v(V_0) = V_0$ (V_0 étant la droite correspondant à u); $3°$ si $u(x) = x + a\varrho(x)$ et si $v(a) = a\lambda$, on doit avoir $\varrho(v(x)) = \lambda\varrho(x)$. Pour que deux transvections soient permutables, il faut et il suffit que la droite de chacune soit contenue dans l'hyperplan de l'autre. Le *centralisateur* du groupe $T(V)$ dans le groupe $GL_n(K)$ est le produit (direct) $Z_n T(V)$; en effet, une transformation u permutant à toute transvection de $T(V)$ laisse invariant l'hyperplan V, et sa restriction à V laisse invariante toute droite de V; cette restriction est donc la restriction à V d'une homothétie centrale h_γ (chap. II, § 1). On en déduit que $h_\gamma^{-1} u$ est une dilatation ou une transvection d'hyperplan V et l'on voit aisément que ce ne peut être qu'une transvection.

§ 3. Involutions et semi-involutions

Une *involution* dans le groupe $GL_n(K)$ est une transformation linéaire u telle que $u^2(x) = x$ (ce que nous écrirons aussi $u^2 = 1$). La forme d'une telle transformation diffère suivant que la caractéristique du corps K est $\neq 2$ ou égale à 2:

1° Si la caractéristique de K est $\neq 2$, E est la somme directe de deux sous-espaces U^+, U^- (éventuellement réduits à 0) tels que $u(x) = x$ dans U^+, $u(x) = -x$ dans U^-; on dit que U^+ et U^- sont les sous-espaces propres *positif* et *négatif* de l'involution u; si $\dim(U^+) = p$, on dit aussi que u est une involution de type $(p, n - p)$ (ou une $(p, n - p)$-*involution*). L'image dans $PGL_n(K)$ d'une involution de type $(p, n - p)$ ou $(n - p, p)$ $(p \leq n/2)$ est dite p-*involution*.

2° Si K est de caractéristique 2, on a $u(x) = x + v(x)$, où v est une transformation linéaire telle que $v^2 = 0$, ou, ce qui revient au même, $v(E) \subset v^{-1}(0)$; on dit encore que $v^{-1}(0)$ et $v(E)$ sont les sous-espaces de l'involution u; si $\dim(v(E)) = p$, on a nécessairement $\dim(v^{-1}(0)) = n - p$ et $2p \leq n$; on dit encore que u est de type $(p, n - p)$ ou est une $(p, n - p)$-*involution*, et que son image dans $PGL_n(K)$ est une p-*involution*. En particulier, les involutions de type $(1, n - 1)$ ne sont autres que les *transvections* (§ 2).

Nous dirons qu'une collinéation $u \in \Gamma L_n(K)$ est une *semi-involution* si la collinéation projective correspondante $\bar{u}$ est une involution dans $P\Gamma L_n(K)$, c'est-à-dire si $\bar{u}^2 = 1$; il revient au même de dire que $u^2(x) = x\gamma$, où $\gamma \in K^*$, pour tout $x \in E$. Si σ est l'automorphisme de K correspondant à u, on obtient, en exprimant $u^3(x)$ de deux manières, la condition

$$\gamma^\sigma = \gamma \tag{1}$$

et, en exprimant $u^2(x\xi)$ de deux manières, la condition

$$\xi^{\sigma^2} = \gamma^{-1}\xi\gamma \tag{2}$$

pour tout $\xi \in K$. Cela étant, on est amené à distinguer deux cas:

A) γ *n'est pas de la forme* $\lambda\lambda^\sigma$ (pour $\lambda \in K$). Alors on peut définir une *extension quadratique* K_0 de K, qui est un surcorps de K, de dimension sur K (à gauche et à droite) égale à 2, ayant une base (à droite et à gauche) sur K formée de 1 et d'un élément ϱ tel* que $\varrho^2 = \gamma$ et $\eta\varrho = \varrho\eta^\sigma$ pour tout $\eta \in K$. On peut ensuite définir sur E une structure d'espace vectoriel à droite sur K_0 en posant, pour $\zeta = \xi + \varrho\eta \in K_0$ ($\xi \in K$, $\eta \in K$), $x\zeta = x\xi + u(x)\eta$; E est donc de dimension $n/2$ sur K_0, ce qui

---

* On voit ainsi que si σ n'est pas l'identité, K_0 est un corps *non commutatif*, même si K lui-même est commutatif; la nécessité d'introduire des corps non commutatifs dans la théorie apparaît donc clairement.

prouve incidemment que n est nécessairement *pair* dans ce cas (cf. J. Dieudonné [14]*).

B) $\gamma = \lambda \lambda^\sigma$, où $\lambda \in K$. Posons alors $v(x) = u(x)\lambda^{-1}$; c'est une semi-involution relative à l'automorphisme τ tel que $\xi^\tau = \lambda \xi^\sigma \lambda^{-1}$ et on a $v^2(x) = x$, $\xi^{\tau^2} = \xi$. Soit K_1 le sous-corps de K formé des éléments *invariants par τ*; deux cas sont possibles:

B 1) $K_1 = K$, autrement dit, τ est l'automorphisme identique, et v est une involution dans $GL_n(K)$; on a vu ci-dessus la forme générale d'une telle collinéation.

B 2) K est une *extension quadratique* de K_1; E est alors un espace vectoriel à droite de dimension $2n$ sur K_1, et v, considéré comme transformation linéaire de cet espace vectoriel, est une *involution* de $GL_{2n}(K_1)$. Si K est de caractéristique $\neq 2$, K a une base sur K_1, formée de 1 et d'un élément ϱ tel que $\varrho^2 \in K$, et $\varrho^\tau = -\varrho$; E est somme directe des deux sous-espaces propres V^+ et V^- (sur K_1) relatifs à v; comme $v(x\varrho) = -v(x)\varrho$, la collinéation $x \to x\varrho$ transforme V^+ en V^-, donc V^+ et V^- ont la même dimension n, et une base $(e_i)_{1 \leq i \leq n}$ de V^+ sur K_1 est aussi une base de E sur K, telle que $u(e_i) = e_i\lambda$ pour $1 \leq i \leq n$.

Si K est de caractéristique 2, K a une base sur K_1 formée de 1 et d'un élément θ tel que $\theta^2 + \theta = \beta \in K_1$ et $\theta^\tau = \theta + 1$: on peut écrire $v(x) = x + w(x)$, avec $w(E) \subset w^{-1}(0) = V$, et si p est la dimension de $w(E)$ (sur K_1), cela entraîne $p \leq n$. On vérifie aisément que $w(x\theta) = w(x)\theta + w(x) + x$; donc, si $x \in V$, $w(x\theta) = x$, et comme la dimension de $w(V\theta)$ (sur K_1) est au plus égale à celle de $w(E)$, on a nécessairement $p = n$ et $w(E) = V$; en outre, comme $x \to x\theta$ est une collinéation, $V\theta$ a une dimension (sur K_1) égale à celle de V, donc à n, et comme $V \cap (V\theta) = \{0\}$, V et $V\theta$ sont supplémentaires. Cela prouve finalement que, si $(e_i)_{1 \leq i \leq n}$ est une base de V sur K_1, c'est aussi une base de E sur K, telle que $u(e_i) = e_i\lambda$ pour $1 \leq i \leq n$; le résultat est donc le même que lorsque K est de caractéristique $\neq 2$.

§ 4. Centralisateur d'une involution projective

Soit $\bar{u}$ une involution de $P\Gamma L_n(K)$; nous nous proposons d'étudier le *centralisateur $\bar{H}$ de $\bar{u}$* dans $P\Gamma L_n(K)$, c'est-à-dire le groupe des collinéations projectives $\bar{v}$ qui permutent avec $\bar{u}$. Il revient au même d'étudier le sous-groupe H des $v \in \Gamma L_n(K)$ correspondant aux $\bar{v}$; une telle collinéation v est caractérisée par la propriété de *«permuter projectivement»* avec u, c'est-à-dire d'être telle que $v(u(x)) = u(v(x))a$, pour un $a \in K$, relation que nous écrirons aussi $vu = uv \cdot a$ par abus de langage. Si σ et τ sont les

---

* La démonstration d'existence du corps K_0, donnée p. 178—179 de ce travail, s'applique quelle que soit la caractéristique de K; mais si K est de caractéristique 2 et si σ laisse invariant chaque élément du centre de K, l'extension K_0 de K ne sera pas galoisienne sur K.

automorphismes de K correspondant à u et v, en remplaçant x par $x\xi$ dans la relation ci-dessus, on obtient d'abord la condition

$$\xi^{\sigma\tau} = a^{-1}\xi^{\tau\sigma}\,a \qquad\qquad (3)$$

pour tout $\xi \in K$ (on a posé $\xi^{\sigma\tau} = (\xi^{\sigma})^{\tau}$). Si $u^2(x) = x\,\gamma$, on a d'autre part les conditions (1) et (2); en outre, en exprimant $u\big(v(u(x))\big)$ de deux manières différentes, on obtient la relation

$$\gamma^{-1}\gamma^{\tau} = a^{\sigma}a\ . \qquad\qquad (4)$$

On notera que, pour étudier notre problème initial, on peut à volonté remplacer u et v par $u \cdot \alpha$ et $v \cdot \beta$, où α et β sont arbitraires dans K^*; a est alors remplacé par $\alpha^{-1}\beta^{-\sigma}a\alpha^{\tau}\beta$ et γ par $\gamma\alpha^{\sigma}\alpha$. Conformément à l'étude faite au § 3, nous distinguerons plusieurs cas (où nous conservons les notations du § 3):

A) γ *n'est pas de la forme* $\lambda\lambda^{\sigma}$ (pour $\lambda \in K$). En considérant E comme espace vectoriel de dimension $n/2$ sur K_0, on a vu que u devient la collinéation $x \to x\varrho$; les relations (3) et (4) permettent de prolonger l'automorphisme τ de K en un automorphisme τ de K_0 tel que $\varrho^{\tau} = \varrho a$, et alors la condition $v(x\varrho) = v(x)\varrho a$ s'écrit $v(x\varrho) = v(x)\varrho^{\tau}$, autrement dit v est une collinéation de l'espace vectoriel E sur K_0, relative à l'automorphisme τ. Inversement, pour qu'une telle collinéation v réponde à la question, il faut et il suffit que l'automorphisme τ de K_0 qui lui correspond satisfasse aux deux conditions suivantes: 1° il laisse invariant K (globalement); 2° $\varrho^{\tau} = \varrho a$, où $a \in K$. Le groupe H est donc le sous-groupe de $\varGamma L_{n/2}(K_0)$ formé des collinéations dont l'automorphisme associé τ satisfait aux deux conditions précédentes; on observera que H contient en tout cas le *groupe linéaire général* $GL_{n/2}(K_0)$, qui en est un sous-groupe distingué.

B) $\gamma = \lambda\lambda^{\sigma}$ avec $\lambda \in K^*$. Remplaçant u par $u \cdot \lambda^{-1}$, on se ramène au cas où $\gamma = 1$, $\sigma^2 = 1$.

B 1) Supposons d'abord que σ soit l'identité; alors la relation (4) donne $a^2 = 1$, $a = \pm 1$.

α) Supposons d'abord que K ne soit pas de caractéristique 2. Si $vu = uv$, on a $v(U^+) = U^+, v(U^-) = U^-$ et réciproquement. Si $vu = -uv$, on a $v(U^+) = U^-$, $v(U^-) = U^+$, ce qui n'est possible que si $n = 2p$ et si u est une (p, p)-involution. Par suite, si H_0 est le centralisateur de u dans $\varGamma L_n(K)$, H_0 est d'indice 1 ou 2 dans H, le second cas ne se produisant que si u est une (p, p)-involution. Quant à H_0, il est isomorphe au sous-groupe du produit $\varGamma L_p(K) \times \varGamma L_{n-p}(K)$ (si u est une $(p, n - p)$-involution) formé des couples (v_1, v_2) tels que les automorphismes de K relatifs à v_1 et v_2 soient les mêmes; le *groupe produit* $GL_p(K) \times GL_{n-p}(K)$ est un sous-groupe distingué de H_0.

β) Supposons maintenant que K soit de caractéristique 2. On a alors $u(x) = x + w(x)$, où $w(E) \subset w^{-1}(0) = U$; nous poserons $p = \dim w(E)$.

Le centralisateur H de u dans $\Gamma L_n(K)$ est aussi le centralisateur de w; tout $v \in H$ laisse donc U et $w(E) = W$ globalement invariants. Soit H_0 le sous-groupe distingué de H formé des v tels que l'application semi-linéaire de E/U obtenue par passage au quotient soit l'identité; v est alors nécessairement *linéaire*. Soit U' un supplémentaire de U dans E, et pour tout $v \in H$ et tout $x \in U'$, soit $v(x) = v_1(x) + v_2(x)$, où $v_1(x) \in U'$ et $v_2(x) \in U$. On doit avoir $w(v_1(x)) = v(w(x))$ pour $x \in U'$, donc, quand v_1 est donné, v est déterminé dans $W = w(U')$ et peut être choisi arbitrairement dans un supplémentaire W' de W par rapport à U (de façon à appliquer W' dans U). On voit donc tout d'abord que H/H_0 est isomorphe à $\Gamma L_p(K)$. Dans H_0, on a le sous-groupe distingué H_1 formé des v laissant invariant tout élément de U, et qui est isomorphe au groupe additif $K^{p(n-p)}$, comme on le voit aussitôt. D'autre part, si $v \in H_0$, on a $v(x) = x$ dans W et inversement; on en déduit aisément que dans toute classe modulo H_1 dans H_0, il y a un v tel que $v(x) = x$ dans $U' + W$; d'où résulte que H_0/H_1 est isomorphe au groupe H_0' des restrictions des $v \in H_0$ au sous-espace U. Dans H_0', soit H_2' le sous-groupe distingué formé des v' laissant invariante toute classe modulo W dans U. On vérifie sans peine que H_0'/H_2' est isomorphe à $GL_{n-2p}(K)$, et H_2' isomorphe au groupe additif $K^{p(n-2p)}$. Désignant par H_2 l'image réciproque de H_2' dans H, on voit qu'on a obtenu une suite de composition pour H

$$H \supset H_0 \supset H_2 \supset H_1 \supset \{1\}$$

dont les groupes quotients successifs sont isomorphes à

$$\Gamma L_p(K), \quad GL_{n-2p}(K), \quad K^{p(n-2p)}, \quad K^{p(n-p)} \,.$$

B 2) Supposons maintenant que σ ne soit pas l'identité, et soit K_1 le sous-corps des éléments de K invariants par σ; (4) donne alors $a^\sigma a = 1$. L'automorphisme σ laisse donc globalement invariant le corps commutatif $Z(a)$ engendré par a et par le centre Z de K; si la restriction de σ à $Z(a)$ est l'identité, on a $a^2 = 1$, $a = \pm\, 1$. Dans le cas contraire, comme σ est de période 2, il existe $b \in Z(a)$ tel que $a = b^{1-\sigma}$, et si l'on remplace v par $v \cdot b^{-1}$, on constate que u et vb^{-1} permutent. On peut donc toujours supposer $a = \pm\, 1$.

On notera en outre que la condition (3) donne alors $\xi^{\tau\sigma} = \xi^{\sigma\tau}$ pour $\xi \in K$; il en résulte que K_1 est (globalement) invariant par l'automorphisme τ de K.

α) Supposons d'abord que K ne soit pas de caractéristique 2. Le sous-groupe $H \subset \Gamma L_n(K)$ formé des v tels que $vu = \pm\, uv$ admet alors comme sous-groupe distingué d'indice 2 le centralisateur H_0 de u, et nous nous restreindrons à l'étude de H_0. On a vu que E, considéré comme espace de dimension $2n$ sur K_1, est somme directe de U^+ et U^- de dimension n, avec $U^- = U^+\varrho$. Soit τ l'automorphisme de K relatif à $v \in H_0$; on doit avoir $v(U^+) = U^+$, $v(U^-) = U^-$ et réciproquement, donc v, restreinte à U^+, est une collinéation de cet espace (sur K_1). Comme en outre $\varrho^{\tau\sigma} = \varrho^{\sigma\tau} = -\varrho^\tau$, on a nécessairement $\varrho^\tau = \varrho\alpha$ avec $\alpha \in K_1$; si on pose $\xi^\omega = \varrho^{-1}\xi\varrho$ pour $\xi \in K_1$, ω est un automorphisme de K_1 et l'on a

$$\xi^{\tau\omega} = \alpha\,\xi^{\omega\tau}\alpha^{-1}\,; \tag{5}$$

en outre, si $\varrho^2 = \beta \in K_1$, on doit avoir $\beta^\tau = (\varrho^\tau)^2 = \varrho\alpha\varrho\alpha$, d'où

$$\beta^{-1}\beta^\tau = \alpha^\omega\alpha\,. \tag{6}$$

Inversement, si τ est un automorphisme de K_1 vérifiant (5) et (6) pour un $\alpha \in K_1$ convenable, on peut alors prolonger τ en un automorphisme de K tel que $\varrho^\tau = \varrho\alpha$, et toute collinéation v de U^+ (sur K_1) relative à l'automorphisme τ se prolonge en une collinéation de E (sur K) en posant $v(x\varrho) = v(x)\varrho^\tau$; comme alors $v(U^-) = U^-$, on a $v \in H_0$. On conclut donc que H_0 est isomorphe au sous-groupe de $\Gamma L_n(K_1)$ formé des collinéations relatives aux automorphismes τ de K_1 satisfaisant aux conditions (5) et (6) (pour un α dépendant de τ). On observera que le *groupe linéaire général* $GL_n(K_1)$ est un sous-groupe distingué de H_0 (et de H).

β) Supposons maintenant que K soit de caractéristique 2. On a vu que E, considéré comme espace vectoriel de dimension $2n$ sur K_1, est somme directe de $V = w^{-1}(0)$ et de $V\theta$, où $\theta^2 + \theta = \beta \in K_1$ et $\theta^\sigma = \theta + 1$; en outre (J. DIEUDONNÉ [14], p. 181) l'application $\xi \to D\xi = \theta\xi + \xi\theta$ est une dérivation du corps K_1. Pour que v appartienne à H, il faut et il suffit que $vw = wv$; écrivant que $v(w(x)) = w(v(x))$ pour $x \in V$, on obtient d'abord la condition $v(V) = V$. On a d'autre part $\theta^{\tau\sigma} = \theta^{\sigma\tau} = \theta^\tau + 1$, d'où $\theta^\tau = \theta + \lambda$, avec $\lambda \in K_1$; tenant compte de la relation $w(x\theta) = x$ pour $x \in V$, on vérifie alors que l'on a $v(w(x\theta)) = w(v(x\theta))$ pour $x \in V$, donc la relation $\theta^\tau = \theta + \lambda$ entraîne que, si $v(V) = V$, v et w commutent. Notons maintenant que si l'on applique à la relation $D\xi = \theta\xi + \xi\theta$ l'automorphisme τ, il vient

$$(D\xi)^\tau - D(\xi^\tau) = \lambda\xi^\tau + \xi^\tau\lambda \tag{7}$$

et d'autre part on a

$$\beta^\tau - \beta = \lambda^2 + \lambda\,. \tag{8}$$

Inversement, si τ est un automorphisme de K_1 vérifiant (7) et (8) pour un $\lambda \in K_1$ convenable, on peut prolonger τ en un automorphisme de K tel que $\theta^\tau = \theta + \lambda$, et toute collinéation v de V (sur K_1) relative à l'automorphisme τ se prolonge en une collinéation de E (sur K) en posant $v(x\theta) = v(x)\theta^\tau$. On conclut que H est isomorphe au sous-groupe du groupe $\Gamma L_n(K_1)$ formé des collinéations relatives aux automorphismes τ de K_1 satisfaisant aux conditions (7) et (8) (pour un λ dépendant de τ). Le *groupe linéaire général* $GL_n(K_1)$ est un sous-groupe distingué de H.

Pour l'étude du centralisateur dans $GL_n(K)$ d'une transformation linéaire quelconque $u \in GL_n(K)$, nous nous bornerons à renvoyer à B. L. van der Waerden et O. Schreier [1], et à J. Dieudonné [3], où cette étude est abordée moyennant certaines restrictions sur le corps K.

§ 5. Corrélations et formes sesquilinéaires

On sait que le *dual* E^* d'un espace vectoriel à droite E sur un corps K est un espace vectoriel *à gauche* sur K, de dimension égale à celle de E; on écrira comme d'ordinaire $\langle x', x \rangle$ au lieu de $x'(x)$ pour $x \in E$ et $x' \in E^*$. On peut aussi considérer E^* comme espace vectoriel à droite sur le corps K° *opposé* de K; il ne peut donc exister d'application semi-linéaire de E dans E^* que si les corps K et K° sont isomorphes, autrement dit s'il existe une application bijective J de K sur lui-même telle que $(\alpha + \beta)^J = \alpha^J + \beta^J$ et $(\alpha \beta)^J = \beta^J \alpha^J$; nous dirons qu'une telle application est un *antiautomorphisme* de K. On notera que lorsque K est commutatif, un antiautomorphisme de K est un automorphisme, et réciproquement. Une application semi-linéaire φ de E dans E^*, relative à un antiautomorphisme J de K, est donc telle que

$$\varphi(x + y) = \varphi(x) + \varphi(y) \qquad \text{pour } x \in E, y \in E ,$$

$$\varphi(x\lambda) = \lambda^J \varphi(x) \qquad \text{pour } x \in E, \lambda \in K .$$

A une telle application semi-linéaire φ associons l'application $(x, y) \to f(x, y) = \langle \varphi(x), y \rangle$ de $E \times E$ dans K, qui satisfait évidemment aux conditions

$$f(x_1 + x_2, y) = f(x_1, y) + f(x_2, y)$$

$$f(x, y_1 + y_2) = f(x, y_1) + f(x, y_2)$$

$$f(x\lambda, y) = \lambda^J f(x, y)$$

$$f(x, y\mu) = f(x, y)\mu .$$

Une telle application sera dite *forme sesquilinéaire* sur $E \times E$ relative à l'antiautomorphisme J; lorsque K est commutatif et J l'identité, f est donc une *forme bilinéaire* sur $E \times E$. Inversement, il est immédiat qu'une telle forme s'écrit d'une manière et d'une seule $\langle \varphi(x), y \rangle$ où φ est une application semi-linéaire de E dans E^*. Soient $(e_i)_{1 \leq i \leq n}$ une base de E, $(e_i')_{1 \leq i \leq n}$ la base duale de E^*, telle que $\langle e_i', e_j \rangle = \delta_{ij}$. Si l'on pose $\varphi(e_i) = \sum_{j=1}^{n} \alpha_{ij} e_i'$, on a $\alpha_{ij} = \langle \varphi(e_i), e_j \rangle = f(e_i, e_j)$, et par suite, pour $x = \sum_i e_i \xi_i$, $y = \sum_i e_i \eta_i$, on a $f(x, y) = \sum_{i,j} \xi_i^J \alpha_{ij} \eta_j = {}^t x^J \cdot A \cdot y$, en identifiant x et y aux matrices à une colonne formées par leurs coordonnées et en posant $A = (\alpha_{ij})$; A, matrice de φ par rapport aux bases (e_i) et (e_i'), est aussi appelée *la matrice* de la forme sesquilinéaire f par rapport à la base (e_i) de E. Son rang, indépendant de la base (e_i) choisie, est aussi le rang de l'application φ, et l'on dit que c'est le *rang* de la forme sesquilinéaire f.

Si $(\bar{e}_i)_{1 \leq i \leq n}$ est une autre base de E, P la matrice de passage de (e_i) à $(\bar{e}_i)$, et A' la matrice de f par rapport à $(\bar{e}_i)$, on a $A' = {}^tP^J A P$. Lorsque K est commutatif, le déterminant de la matrice A est appelé le *discriminant* Δ de f par rapport à la base (e_i); si Δ' est le discriminant de f par rapport à la base $(\bar{e}_i)$, on a $\Delta' = (\delta\delta^J)\Delta$, en désignant par δ le déterminant de P.

Une *corrélation* de E sur E^* est par définition une application semi-linéaire bijective de E sur E^*, ou, ce qui revient au même, une application semi-linéaire de rang égal à la dimension de E. Une forme sesquilinéaire f sur $E \times E$ correspondant à une corrélation φ est dite *non dégénérée*; une telle forme est caractérisée par la propriété suivante: tout vecteur $x \in E$ tel que $f(x, y) = 0$ pour tout $y \in E$, est nécessairement égal à 0.

§ 6. Formes sesquilinéaires réflexives

Nous ne considérerons plus désormais sur $E \times E$ (sauf mention expresse du contraire) que des formes sesquilinéaires *non dégénérées* (relatives à des antiautomorphismes de K). Deux vecteurs x, y de E pris dans cet ordre sont dits *orthogonaux* pour une telle forme f si $f(x, y) = 0$; dire que f est non dégénérée signifie qu'il n'existe aucun vecteur $x \neq 0$ tel que x et y soient orthogonaux pour *tout* vecteur y de F. Nous dirons que la forme f (ou la corrélation φ correspondante) est *réflexive* si la relation d'orthogonalité est symétrique, c'est-à-dire si $f(x, y) = 0$ est équivalente à $f(y, x) = 0$; nous allons déterminer (pour $n \geq 2$) les formes sesquilinéaires réflexives (G. BIRKHOFF et J. VON NEU-MANN [1]).

On peut tout d'abord se ramener à ne considérer que des formes réflexives *non dégénérées*. En effet, si f est réflexive et dégénérée, l'ensemble des vecteurs x orthogonaux à tous les vecteurs de E est un sous-espace vectoriel N, et les relations $x \equiv x_1 \pmod{N}$, $y \equiv y_1 \pmod{N}$ entraînent $f(x, y) = f(x_1, y_1)$. Par passage au quotient, f définit donc sur E/N une forme réflexive *non dégénérée* (dite *associée* à f), dont la connaissance détermine complètement f.

Si J est l'antiautomorphisme correspondant à f, l'hypothèse signifie que, pour tout $x \neq 0$ dans E, $f(x, y) = 0$ et $(f(y, x))^{J^{-1}} = 0$ sont des équations du même hyperplan, donc que l'on a $f(y, x) = (f(x, y))^J m(x)$, où $m(x)$ est un scalaire ne dépendant que de x. Si x_1 et x_2 sont linéairement indépendants, on déduit aisément $m(x_1 + x_2) = m(x_1) = m(x_2)$ de la relation précédente; donc on a nécessairement $f(y, x) = (f(x, y))^J r^{-1}$, où r est un scalaire $\neq 0$ indépendant de x et y. D'ailleurs, en remplaçant x par $x\xi$ on voit aussitôt que r doit appartenir au centre de K.

En outre, en calculant $(f(y\xi, x))^J$ de deux manières, il vient, puisque $f(x, y)$ est arbitraire dans K,

$$\xi^{J^2} = r^J \xi r \qquad \text{pour tout } \xi \in K \tag{9}$$

et en particulier

$$r r^J = 1 . \tag{10}$$

Cela étant, distinguons deux cas:

1) On a $\xi + \xi^J r^J = 0$ pour tout $\xi \in K$. Faisant $\xi = 1$, cela donne $r = -1$, d'où $\xi^J = \xi$ identiquement; cela n'est possible que si K est *commutatif* et J *l'identité*. Autrement dit, on a alors identiquement

$$f(y, x) = - f(x, y) \tag{11}$$

et l'on dit que la forme f est *antisymétrique*.

2) Il existe $\zeta \in K$ tel que $q = \zeta + \zeta^J r^J \neq 0$; on en tire aussitôt $r = q^{-1} q^J$. Si l'on pose $\xi^T = (q^{-1} \xi q)^J$ et $g(x, y) = q^J f(x, y)$, on vérifie alors que l'on a

$$\xi^{T^2} = \xi \qquad \text{pour tout } \xi \in K \tag{12}$$

et

$$g(y, x) = (g(x, y))^T . \tag{13}$$

On dit que l'antiautomorphisme T est une *involution* dans K, et la relation (13) s'exprime en disant que g est une forme sesquilinéaire *hermitienne* relative à cette involution. Si K est commutatif et T l'identité, la relation (13) s'écrit

$$g(y, x) = g(x, y) \tag{14}$$

et l'on dit encore alors que g est une forme bilinéaire *symétrique*. Lorsque T n'est pas l'identité, les éléments $\alpha \in K^*$ tels que $\alpha^T = \alpha$ sont dits *symétriques* pour l'involution T; ceux tels que $\alpha^T = -\alpha$ (il en existe toujours d'après ce qui précède) sont dits *antisymétriques*. Soit α un élément symétrique (resp. antisymétrique) pour T, et posons $\xi^S = \alpha \xi^T \alpha^{-1}$ et $h(x, y) = \alpha g(x, y)$. On vérifie que S est encore une involution de K, et que l'on a

$$\begin{aligned} h(y, x) &= (h(x, y))^S &\quad \text{si } \alpha \text{ est symétrique} \\ h(y, x) &= -(h(x, y))^S &\quad \text{si } \alpha \text{ est antisymétrique.} \end{aligned} \right\} \tag{15}$$

Dans le second cas, on dit que h est une forme *antihermitienne* par rapport à S.

Pour qu'une forme sesquilinéaire f soit hermitienne (resp. antihermitienne), il faut et il suffit que sa matrice A par rapport à une base quelconque de E satisfasse à la condition ${}^t A = A^J$ (resp. ${}^t A = -A^J$).

Cette condition peut s'exprimer d'une autre manière. Si u est une application semi-linéaire d'un espace vectoriel E dans un espace vectoriel F, relative à un isomorphisme σ, l'application $x \to (\langle y', u(x) \rangle)^{\sigma^{-1}}$ est une forme linéaire sur E pour tout élément y' du dual F^* de F; on peut donc écrire

$$\langle y', u(x)\rangle = \langle {}^t u(y'), x\rangle^\sigma \tag{16}$$

où ${}^t u$ est une application semi-linéaire de F^* dans E^*, relative à l'iso-morphisme σ^{-1}; c'est cette application que l'on appelle la *transposée* de l'application semi-linéaire u. En particulier, pour une corrélation φ de E sur E^*, relative à l'antiautomorphisme J, ${}^t\varphi$ est une corrélation de E sur E^*, relative à l'antiautomorphisme J^{-1}, telle que

$$\langle \varphi(x), y\rangle = \langle {}^t\varphi(y), x\rangle^J \,. \tag{17}$$

Dire que la forme sesquilinéaire f correspondant à φ est *hermitienne* (resp. *antihermitienne*) signifie donc que ${}^t\varphi = \varphi$ (resp. ${}^t\varphi = -\varphi$).

Nous avons montré qu'en multipliant une forme réflexive par un scalaire, on peut toujours supposer que cette forme est hermitienne ou antihermitienne; nous nous bornerons désormais *exclusivement* à la con-sidération de telles formes, et quand nous parlerons d'une forme réflexive, il sera sous-entendu qu'elle est hermitienne ou antihermitienne (et en tout cas que J est une involution).

§ 7. Sous-espaces orthogonaux et sous-espaces isotropes

Soit f une forme réflexive (non dégénérée) sur un espace E de dimension n. Pour tout sous-espace vectoriel V de E, l'ensemble V^0 des vecteurs de E qui sont orthogonaux à tous les vecteurs de V est un sous-espace vectoriel de E, dit sous-espace *orthogonal* à V. Inversement, V est le sous-espace orthogonal à V^0; si p est la dimension de V, V^0 est de dimension $n - p$. On a $(V + W)^0 = V^0 \cap W^0$ et $(V \cap W)^0 = V^0 + W^0$ pour deux sous-espaces quelconques V, W. On dit que le sous-espace V est *isotrope* si $V \cap V^0$ n'est pas réduit à 0; alors V^0 est aussi isotrope. Il revient au même de dire que la restriction de f à $V \times V$ est une forme *dégénérée*. On dit qu'un sous-espace V est *totalement isotrope* si l'on a $V \subset V^0$; il revient au même de dire que la restriction de f à $V \times V$ est *identiquement nulle* (ou que deux vecteurs quelconques de V sont ortho-gonaux). On a dans ce cas $p \leqq n - p$, autrement dit $2p \leqq n$; *l'indice* de la forme f est *la plus grande dimension ν des sous-espaces totalement isotropes* de E, et est donc tel que $2\nu \leqq n$. Pour tout sous-espace iso-trope V, $V \cap V^0$ est totalement isotrope. Notons aussi que si V est totalement isotrope, et W un sous-espace totalement isotrope contenu dans V^0, $V + W$ est encore totalement isotrope; il en résulte que si la dimension de V est égale à ν, tout sous-espace totalement isotrope contenu dans V^0 est nécessairement contenu dans V.

Un sous-espace non isotrope V de E est caractérisé par la propriété que le sous-espace orthogonal V^0 est supplémentaire de V. La forme f est dite *anisotrope* si $\nu = 0$.

Un vecteur $x \neq 0$ est dit *isotrope* si $f(x, x) = 0$ (autrement dit s'il est orthogonal à lui-même). Tous les vecteurs d'un sous-espace totalement isotrope sont évidemment isotropes. Inversement, supposons que $f(x, x) = 0$ pour *tout* x appartenant à un sous-espace V de E. En écrivant que $f(x + y, x + y) = 0$ pour $x \in V$ et $y \in V$, il vient $f(x, y) = \varepsilon(f(x, y))^J$, où $\varepsilon = -1$ si f est hermitienne, $\varepsilon = 1$ si f est antihermitienne. Si V n'est pas totalement isotrope, on voit, en remplaçant y par $y\xi$, que l'on a $\xi^J = \lambda \xi \lambda^{-1}$ pour un $\lambda \neq 0$ et pour tout $\xi \in K$, ce qui n'est possible que si K est *commutatif* et J *l'identité*, et il est clair alors que f doit être *antisymétrique*. En particulier, si $f(x, x) = 0$ pour tout $x \in E$, la forme f est dite *alternée* et elle est alors antisymétrique; inversement, si K est un corps commutatif *de caractéristique* $\neq 2$, toute forme antisymétrique sur $E \times E$ est alternée.

§ 8. Equivalence des formes sesquilinéaires réflexives

Soient E et F des espaces vectoriels de même dimension n sur K, et soit u un isomorphisme de F sur E. Etant donnée une forme sesquilinéaire f sur $E \times E$ (dégénérée ou non, réflexive ou non), la forme $(x, y) \to f(u(x), u(y))$ sur $F \times F$ est évidemment sesquilinéaire (pour le même antiautomorphisme de K); on dit que cette forme f_1 est obtenue en *transportant* f au moyen de l'isomorphisme u. Si A est la matrice de f par rapport à une base $(e_i)_{1 \leq i \leq n}$ de E, A est aussi la matrice de f_1 par rapport à la base de F formée par les $u^{-1}(e_i)$ $(1 \leq i \leq n)$; par rapport à une autre base quelconque de F, la matrice de f_1 est donc de la forme ${}^t U^J A U$, où U est une matrice carrée inversible.

On dit qu'une forme sesquilinéaire f sur $E \times E$ et une forme sesquilinéaire f_1 sur $F \times F$ sont *équivalentes* si f_1 est transportée de f par un isomorphisme u de F sur E; f est alors transportée de f_1 par u^{-1}. Si A et A_1 sont les matrices de f et f_1 par rapport à deux bases de E et F respectivement, il revient au même de dire qu'il existe une matrice carrée inversible U telle que $A_1 = {}^t U^J A U$; on peut aussi formuler l'équivalence de f et f_1 en disant qu'il existe une base de E et une base de F par rapport auxquelles les matrices respectives de f et f_1 sont les mêmes.

La recherche de conditions moyennant lesquelles deux formes sesquilinéaires sur $E \times E$ sont équivalentes est un problème qui n'a été abordé que pour les formes réflexives, mis à part un travail de C. JORDAN ([3], vol. III, mémoire (69); voir aussi les Commentaires de ce volume, p. XI). Nous allons résumer sommairement les principaux résultats obtenus.

En premier lieu, deux formes équivalentes ont nécessairement même rang; on constate aussitôt que pour que deux formes réflexives dégénérées soient équivalentes, il faut et il suffit que les formes non dégénérées associées (§ 6) le soient. On est ainsi ramené à ne considérer que des formes réflexives non dégénérées.

Le problème d'équivalence n'est complètement résolu que pour les formes *alternées* (sur un corps commutatif K). Une telle forme f ne peut être non dégénérée que si la dimension de E est un nombre *pair* $2m$; on montre alors qu'il existe une base de E (dite *base symplectique* pour f) telle que

$$f(e_i, e_j) = 0 \qquad \text{si } j \neq i + m \text{ et } i \neq j + m$$

$$f(e_i, e_{i+m}) = -f(e_{i+m}, e_i) = 1 \qquad \text{pour } 1 \leq i \leq m \, .$$

(on démontrera un résultat plus général au § 11). Deux formes alternées de même rang sur $E \times E$ sont donc toujours équivalentes.

Pour les formes réflexives non alternées sur un corps quelconque, on ne connaît que des conditions nécessaires d'équivalence. La première est l'égalité des indices des deux formes (§ 7; on verra une condition nécessaire plus précise au § 11). D'autre part, si K est un corps commutatif, les discriminants de deux formes équivalentes (§ 5) doivent appartenir à la même classe du groupe multiplicatif K^*, modulo le sous-groupe des «normes» $\lambda \lambda^J$.

Si une forme f réflexive n'est pas antisymétrique, il existe dans E une *base orthogonale* pour f, c'est-à-dire une base $(e_i)_{1 \leq i \leq n}$ telle que

$$f(e_i, e_j) = 0 \qquad \text{pour } i \neq j \, .$$

En outre, pour une telle base, en posant $\gamma_i = f(e_i, e_i)$, on a $\gamma_i^J = \gamma_i$ si f est hermitienne, $\gamma_i^J = -\gamma_i$ si f est antihermitienne. Pour établir ce résultat, il suffit de raisonner par récurrence sur n: il existe dans E au moins un vecteur e_1 non isotrope; l'hyperplan H orthogonal à e_1 est alors non isotrope et supplémentaire de $e_1 K$, et comme f n'est pas antisymétrique, il existe par hypothèse une base orthogonale pour la restriction de f à H, d'où la proposition. Nous reviendrons au § 10 sur le seul cas laissé de côté, c'est-à-dire les formes symétriques non alternées sur un corps de caractéristique 2.

L'existence de bases orthogonales permet de résoudre le problème d'équivalence dans certains cas. Par exemple, si K est un corps commutatif *algébriquement clos*, et f une forme symétrique non dégénérée sur $E \times E$, il existe une base orthogonale (e_i) de E telle que $f(e_i, e_i) = 1$ pour $1 \leq i \leq n$ (une telle base est dite *orthonormale*); deux formes symétriques de même rang sont donc toujours équivalentes dans ce cas. Si K est un corps commutatif *ordonné euclidien* (c'est-à-dire dans lequel tout élément ≥ 0 admet une racine carrée), et f une forme symétrique non dégénérée sur $E \times E$, il existe une base orthogonale (e_i) de E telle que $f(e_i, e_i) = 1$ pour $1 \leq i \leq p$ et $f(e_i, e_i) = -1$ pour $p + 1 \leq i \leq n$. D'ailleurs, sur un corps ordonné quelconque K, pour toute base orthogonale (e_i) de E relative à une forme symétrique non dégénérée f, le nombre

p d'indices i tels que $\gamma_i = f(e_i, e_i) > 0$ est toujours le même (*loi d'inertie de* SYLVESTER); le couple $(p, n - p)$ est appelé la *signature* de la forme f et le nombre $n - p$ son *indice d'inertie*; deux formes équivalentes ont nécessairement même signature; sur un corps euclidien, cette condition nécessaire est aussi suffisante. On verra au § 11 que, pour un corps ordonné K, on a toujours la relation $v \leqq \mathrm{Min}(p, n - p)$; il y a égalité des deux membres lorsque K est euclidien.

Lorsque K est un corps *fini* $\mathbf{F}_q$ à q éléments, de caractéristique $\neq 2$, il existe toujours, pour une forme symétrique f, une base orthogonale (e_i) telle que l'on ait $f(e_i, e_i) = 1$ pour $1 \leqq i \leqq n - 1$, et, soit $f(e_n, e_n) = 1$, soit $f(e_n, e_n) = \varrho$, où ϱ est un élément de $\mathbf{F}_q$ qui n'est pas un carré (on sait que les carrés forment dans le groupe multiplicatif $\mathbf{F}_q^*$ un sous-groupe d'indice 2; cf. L. E. DICKSON [1], p. 158); il y a donc deux classes de formes symétriques équivalentes de rang n sur $\mathbf{F}_q$; pour la première, le discriminant $\varDelta$ (par rapport à une base quelconque) est un carré dans $\mathbf{F}_q$ et pour la seconde il n'est jamais un carré. Si $n = 2m + 1$ est impair, toute forme de la deuxième classe se déduit d'une forme de la première par multiplication par un élément non carré dans $\mathbf{F}_q$; l'indice de toute forme symétrique est alors $m = [n/2]$. Si $n = 2m$ est pair, l'indice est $m = n/2$ si $(-1)^m \varDelta$ est un carré dans $\mathbf{F}_q$ $m - 1$ dans le cas contraire.

Le problème d'équivalence pour les formes symétriques a été complètement résolu lorsque K est un *corps de nombres algébriques* par H. MINKOWSKI [1] et H. HASSE [2]. La théorie moderne des formes symétriques sur un tel corps est étroitement liée à l'étude des algèbres de CLIFFORD (chap. II, § 7) sur ces corps; cette théorie et ses généralisations sont exposées par exemple dans le travail de E. WITT [1] et dans le livre de M. EICHLER [2], auxquels nous renvoyons.

Soient K_0 un corps commutatif *ordonné*, K l'extension quadratique $K_0(\sqrt{-1})$, J le K_0-automorphisme de K distinct de l'identité, de sorte que K_0 est l'ensemble des éléments de K *symétriques* pour J. Si f est une forme hermitienne sur $E \times E$ et (e_i) une base orthogonale de E relative à f, le nombre p des indices i tels que $\gamma_i = f(e_i, e_i) > 0$ est encore indépendant de la base orthogonale choisie (*loi d'inertie*). Ce résultat est encore valable lorsque K est un *corps de quaternions généralisés* de centre K_0, J étant l'unique involution de K pour laquelle les éléments invariants sont les éléments de K_0. Lorsqu'en outre K_0 est un corps euclidien (K étant soit une extension quadratique, soit un corps de quaternions généralisés sur K_0), la condition nécessaire et suffisante d'équivalence de deux formes *hermitiennes* sur K est qu'elles aient même signature. Signalons aussi que lorsque K_0 est euclidien et K un corps de quaternions généralisés sur K_0, pour toute forme *antihermitienne* f sur $E \times E$, il existe une base orthogonale (e_i) telle que $f(e_i, e_i) = j$ pour $1 \leqq i \leqq n$, j étant un quaternion fixe de carré -1; deux formes antihermitiennes de même rang sont donc toujours équivalentes dans ce cas (J. Dieudonné [13], p. 383).

Supposons maintenant que K_0 soit un corps fini $\mathbf{F}_q$ quelconque, K l'extension quadratique $\mathbf{F}_{q^2}$ de $\mathbf{F}_q$, J l'unique K_0-automorphisme $\xi \to \xi^q$ de K, distinct de l'identité. Alors il existe une base *orthonormale* pour toute forme hermitienne sur $E \times E$; autrement dit, deux formes hermitiennes de même rang sont toujours équivalentes et par suite d'indice maximum $[n/2]$. Cela résulte aussitôt du fait que tout élément de K_0 est norme d'un élément de K.

Notons enfin que le problème d'équivalence pour les formes hermitiennes sur un corps de nombres algébriques, ainsi que pour les formes hermitiennes ou antihermitiennes sur un corps gauche ayant pour centre un corps de nombres algébriques, a été résolu par W. Landherr [1, 2], K. G. Ramanathan [1], T. Tsukamoto [1] et I. Satake [1].

§ 9. Groupes unitaires

Soit f une forme réflexive (non dégénérée) sur $E \times E$ correspondant à l'involution J de K. Les applications linéaires bijectives u de E sur lui-même telles que f soit égale à sa transportée par u (§ 8), c'est-à-dire telles que l'on ait

$$f(u(x), u(y)) = f(x, y) \quad \text{pour } x \in E \text{ et } y \in E \tag{18}$$

sont appelées *transformations unitaires* de E, relatives à la forme f. Elles forment un sous-groupe de $GL_n(K)$, que nous noterons $U_n(K, f)$, et que l'on appelle le *groupe unitaire* à n variables, relatif à K et à la forme f.

La relation (18) peut s'écrire d'une autre manière: si φ est la corrélation associée à la forme f, et $\check{u}$ la contragrédiente $^t u^{-1}$ de u, (18) équivaut à la relation

$$\langle \varphi(u(x)), u(y) \rangle = \langle \varphi(x), y \rangle = \langle \check{u}(\varphi(x)), u(y) \rangle$$

et comme $u(y)$ parcourt E tout entier avec y, cette relation est équivalente à

$$\varphi(u(x)) = \check{u}(\varphi(x)) \quad \text{pour tout } x \in E \,.$$

Plus généralement, soit u une collinéation de E, relative à un automorphisme de K que nous noterons σ ou σ_u. Nous dirons que la corrélation φ et la collinéation u sont *projectivement permutables* s'il existe un scalaire r_u tel que l'on ait

$$\varphi(u(x)) = r_u \check{u}(\varphi(x)) \quad \text{pour tout } x \in E \,, \tag{19}$$

en posant encore $\check{u} = {}^t u^{-1}$, *contragrédiente* de u (qui est une collinéation de E^* relative au même automorphisme σ que u). Cette relation équivaut à la relation

$$\langle \varphi(u(x)), u(y) \rangle = \langle r_u \check{u}(\varphi(x)), u(y) \rangle$$

pour tout $x \in E$ et tout $y \in E$, ce qui, en vertu de (16), équivaut à

$$f(u(x), u(y)) = r_u \cdot (f(x, y))^\sigma . \tag{20}$$

Pour que u vérifie une relation de ce type, il faut et il suffit (pour $n \geq 2$) que u transforme *deux vecteurs orthogonaux en vecteurs orthogonaux:* en effet, pour un $y \in E$ donné, il existe alors un scalaire m_y tel que l'on ait, pour tout $x \in E$,

$$\langle \varphi(u(x)), u(y) \rangle = m_y \langle \varphi(x), y \rangle^\sigma$$

et l'on voit comme au §6 que, pour y_1, y_2 linéairement indépendants dans E, on a nécessairement $m_{y_1} = m_{y_2} = m_{y_1+y_2}$, ce qui démontre notre assertion.

Remarquons que si, dans (19), on remplace x par $x\xi$, il vient la relation

$$\xi^{\sigma J} = r_u \xi^{J\sigma} r_u^{-1} \qquad \text{pour tout } \xi \in K \tag{21}$$

et que si, dans (20), on permute x et y, on obtient, en tenant compte de ce que f est hermitienne ou antihermitienne

$$r_u^J = r_u . \tag{22}$$

Nous dirons encore qu'une collinéation u vérifiant (20) est une *semi-similitude unitaire* (relativement à la forme f) correspondant à l'automorphisme σ_u et au *multiplicateur r_u*; il revient au même de dire que, pour une base (e_i) de E, on a

$$f(u(e_i), u(e_j)) = r_u \cdot (f(e_i, e_j))^\sigma$$

ou que la matrice U de u par rapport à cette base vérifie la relation

$$^t U^J A U = r_u \cdot A^\sigma \tag{23}$$

en désignant par A la matrice de f par rapport à la base (e_i). Il est immédiat que les semi-similitudes (relatives à f) forment un sous-groupe $\Gamma U_n(K, f)$ du groupe $\Gamma L_n(K)$ des collinéations. Une semi-similitude correspondant à l'automorphisme identique (autrement dit, linéaire) est encore appelée une *similitude unitaire* (relative à f); ces transformations forment un sous-groupe distingué $G U_n(K, f) = \Gamma U_n(K, f) \cap G L_n(K)$ de $\Gamma U_n(K, f)$. Le *groupe unitaire* $U_n(K, f)$ est le sous-groupe distingué de $G U_n(K, f)$ formé des similitudes de multiplicateur 1, dites encore *transformations unitaires*. Si A est la matrice de f par rapport à une base de E, on écrit aussi $U_n(K, A)$ au lieu de $U_n(K, f)$, et de même pour les autres groupes.

De façon plus précise, l'application $u \to \sigma_u$ est un homomorphisme de $\Gamma U_n(K, f)$ sur un sous-groupe du groupe des automorphismes de K, sous-groupe sur lequel on ne sait rien en général, sinon qu'il contient le groupe des automorphismes intérieurs de K; le noyau de cet homomorphisme est le groupe $G U_n(K, f)$. Pour $u \in G U_n(K, f)$, la relation (21) montre que le multiplicateur r_u appartient nécessairement au *centre Z*

de K, et la relation (22) prouve en outre que r_u appartient au sous-corps Z_0 de Z formé des éléments invariants par l'involution J (sous-corps identique à Z ou tel que Z en soit une extension quadratique séparable). L'application $u \to r_u$ est donc un homomorphisme de $GU_n(K, f)$ sur un sous-groupe (abélien) $M(f)$ de Z_0^*; on n'a aussi que fort peu de renseignements sur ce sous-groupe en général (cf. chap. II, § 13); le noyau de cet homomorphisme est le groupe unitaire $U_n(K, f)$.

Nous désignerons par $P\Gamma U_n(K, f)$, $PGU_n(K, f)$, $PU_n(K, f)$ les images canoniques de $\Gamma U_n(K, f)$, $GU_n(K, f)$ et $U_n(K, f)$ dans le groupe projectif $P\Gamma L_n(K)$. On voit immédiatement que toute homothétie $x \to x\lambda$ est une semi-similitude unitaire de multiplicateur $\lambda^J\lambda$, d'où $P\Gamma U_n \cong \Gamma U_n/H_n$; de même, toute homothétie centrale est une similitude, et $PGU_n \cong GU_n/Z_n$; enfin $U_n \cap Z_n$ est formé des homothéties centrales $x \to x\gamma$ telles que $\gamma^J\gamma = 1$; on verra plus tard (chap. II, § 3) qu'en général le groupe $U_1 = U_n \cap Z_n$ est le centre de U_n; on a $PU_n \cong U_n/U_1$.

Si une forme réflexive f_1 sur $E \times E$ est transportée de la forme f par une application linéaire bijective v, on vérifie aussitôt que $\Gamma U_n(K, f_1)$ (resp. $GU_n(K, f_1)$) sont transformés de $\Gamma U_n(K, f)$ (resp. $GU_n(K, f)$, $U_n(K, f)$) par l'automorphisme intérieur $s \to v^{-1}sv$ de $\Gamma L_n(K)$. D'autre part, si α est un élément symétrique ou antisymétrique de K (pour J), on voit que $\Gamma U_n(K, \alpha f) = \Gamma U_n(K, f)$, $GU_n(K, \alpha f) = GU_n(K, f)$ et $U_n(K, \alpha f) = U_n(K, f)$.

Lorsque K est commutatif et f une forme *alternée*, on remplace partout l'adjectif «unitaire» par «*symplectique*» dans les définitions précédentes. Comme deux formes alternées de même rang (pair) n sont équivalentes, on ne note plus la forme f dans les groupes correspondants, qu'on écrit $\Gamma Sp_n(K)$, $GSp_n(K)$ et $Sp_n(K)$ (notations analogues pour les groupes projectifs correspondants). On omet de la même manière la mention de la forme f dans la notation d'un groupe unitaire toutes les fois que deux formes de même rang sont équivalentes (en particulier lorsque $J \neq 1$ et que K est un corps fini).

Lorsque K est commutatif et *de caractéristique* $\neq 2$, et f une forme *symétrique*, on remplace partout l'adjectif «unitaire» par «*orthogonal*» et on note $\Gamma O_n(K, f)$, $GO_n(K, f)$ et $O_n(K, f)$ les groupes correspondants (avec des notations correspondantes pour les groupes projectifs); la définition des groupes orthogonaux pour les corps commutatifs de caractéristique 2 est toute différente et sera donnée au § 16.

§ 10. Formes traciques.

Soit f une forme *hermitienne* sur $E \times E$; nous dirons que f est une forme *tracique* si, pour tout $x \in E$, $f(x, x)$ est une «trace» dans K, c'est-à-dire peut se mettre sous la forme $\lambda + \lambda^J$ pour un $\lambda \in K$. Comme $\gamma = f(x, x)$ est un élément symétrique, il est clair que cette condition est toujours

2*

réalisée lorsque K est *de caractéristique* $\neq 2$, car il suffit alors de prendre $\lambda = \frac{1}{2}\gamma$. Il en est encore ainsi lorsque K est de caractéristique 2, mais que le sous-corps Z_0 de Z formé des éléments symétriques du centre est distinct de Z (cas où l'involution J est dite *de seconde espèce*: c'est toujours ce qui se passe lorsque K est commutatif et J distinct de l'identité). En effet, il existe alors $\gamma \in Z$ tel que $\gamma^J \neq \gamma$, donc $\alpha = \gamma + \gamma^J \neq 0$; si maintenant μ est un élément symétrique quelconque de K, on a $(\alpha^{-1}\mu)^J = \alpha^{-1}\mu$ puisque $\alpha \in Z$, d'où $\mu = \gamma(\alpha^{-1}\mu) + \gamma^J(\alpha^{-1}\mu)^J = (\gamma\alpha^{-1}\mu) + (\gamma\alpha^{-1}\mu)^J$. Par contre aucun élément symétrique autre que 0 n'est une «trace» lorsque K est commutatif (de caractéristique 2) et J l'identité: les formes traciques sont dans ce cas les formes *alternées*. On peut donner d'autres exemples d'un corps non commutatif K, de rang 4 sur son centre, dans lequel il y a des éléments symétriques qui ne sont pas des traces (cf. par exemple J. DIEUDONNÉ [4], p. 73).

L'étude des groupes unitaires relatifs aux formes non traciques peut se ramener essentiellement à celle des groupes unitaires relatifs aux formes traciques (J. DIEUDONNÉ [16]). En effet, si f est une forme réflexive non tracique sur $E \times E$, considérons l'ensemble V des $x \in E$ tels que $f(x, x)$ soit une «trace»; on constate aussitôt que V est un sous-espace vectoriel de E. Soit $V_1 = V \cap V^0$ (espace totalement isotrope), et soient V_2 et V_3 des supplémentaires de V_1 par rapport à V et V^0 respectivement. On démontre qu'il y a une base $(e_i)_{1 \leq i \leq 2q}$ de $(V_2 + V_3)^0 = V_2^0 \cap V_3^0$ telle que les vecteurs e_i d'indice $i \leq q$ forment une base de V_1 et que l'on ait $f(e_i, e_{q+j}) = 0$ pour $i \neq j$, $f(e_i, e_{q+i}) = 1$ pour $1 \leq i \leq q$; si V_4 est le sous-espace engendré par les e_{q+i} $(1 \leq i \leq q)$, E est somme directe de V_1, V_2, V_3, V_4. L'analyse des conditions que doit remplir une transformation unitaire u montre alors que le groupe $U_n(K, f)$ a une suite de composition

$$U_n \supset \Gamma_0 \supset \Gamma \supset \{1\}$$

telle que Γ_0/Γ et Γ soient des groupes abéliens, et que le quotient U_n/Γ_0 soit isomorphe au groupe unitaire $U_m(K, f_2)$, où f_2 est la restriction de f à $V_2 \times V_2$ et m la dimension de V_2; et par construction f_2 est une forme *tracique* non dégénérée.

Cette même décomposition de l'espace E permet de traiter le cas laissé de côté au § 8 en ce qui concerne l'existence des bases orthogonales, savoir le cas où K est commutatif, de caractéristique 2, et f une forme symétrique non alternée. En effet (avec les notations précédentes), $V \cup V^0$ ne peut être alors l'espace tout entier; si $a \notin V \cup V^0$, a n'est pas isotrope et il existe des vecteurs non isotropes dans l'hyperplan H orthogonal à a (sans quoi on aurait $H = V$ et $a \in V^0$); on peut donc procéder par récurrence comme au § 8, et obtenir encore une base orthogonale (A. ALBERT [1]).

§ 11. Propriétés des formes traciques.

Nous supposerons toujours désormais que les formes réflexives f considérées sont des *formes traciques non dégénérées*. Pour une telle forme (que nous supposerons ici *hermitienne*) on a d'abord le lemme suivant: *Pour tout vecteur isotrope a de E et tout plan non isotrope P contenant a, il existe dans P un second vecteur isotrope b tel que $f(a, b) = 1$.* Il suffit en effet de considérer un vecteur c de P tel que $f(c, a) = \alpha \neq 0$ et de chercher $b = c + a\xi$ tel que $f(b, b) = 0$; on trouve l'équation $\alpha\xi + \xi^J\alpha^J = -f(c, c)$ et comme $-f(c, c) = \lambda + \lambda^J$ il suffit de prendre $\xi = \alpha^{-1}\lambda$, ce qui donne $f(a, b) = \alpha^J \neq 0$, et en multipliant b par α^{-J} on répond à la question.

De ce résultat on déduit les deux suivants:

1) *Pour tout sous-espace totalement isotrope V de E, il existe un second sous-espace totalement isotrope W de même dimension que V tel que $V \cap W = \{0\}$ et qu'aucun vecteur de V ne soit orthogonal à W. En outre, pour tout couple de sous-espaces totalement isotropes satisfaisant à cette condition et de même dimension p, il existe une base $(e_i)_{1 \leq i \leq p}$ de V et une base $(e_{p+i})_{1 \leq i \leq p}$ de W telles que $f(e_i, e_{p+j}) = \delta_{ij}$.*

Il suffit d'appliquer le lemme précédent par récurrence sur la dimension de V. On observera que si p est *l'indice ν* de f, la relation $V \cap W = \{0\}$, pour deux sous-espaces totalement isotropes de dimension ν, entraîne qu'aucun vecteur de V n'est orthogonal à W.

2) *Lorsque $\nu \geq 1$, il existe une base de E composée de vecteurs isotropes.* Prenons en effet un vecteur isotrope a dans E, et un second vecteur isotrope b tel que $f(a, b) = 1$. Le plan P défini par a et b est alors non isotrope; soit $(c_i)_{1 \leq i \leq n-2}$ une base de P^0. On voit aussitôt que $f(b, a + c_i) \neq 0$, donc il existe dans le plan défini par b et $a + c_i$ un vecteur isotrope e_i tel que $f(b, e_i) = 1$. Alors a, b et les e_i $(1 \leq i \leq n - 2)$ forment la base cherchée.

Deux sous-espaces V, W de même dimension de E ne peuvent en général être transformés l'un dans l'autre par une transformation unitaire; la condition pour qu'il existe une telle transformation est donnée par le théorème fondamental suivant, dû à E. WITT [1] (voir aussi G. PALL [1] et I. KAPLANSKY [1]):

Pour qu'il existe une transformation unitaire $u \in U_n(K, f)$ telle que $u(V) = W$, il faut et il suffit que les restrictions de f à $V \times V$ et à $W \times W$ soient équivalentes.

Il n'y a évidemment à démontrer que la suffisance de la condition; si v est une application linéaire de V sur W telle que $f(v(x), v(y)) = f(x, y)$ pour $x \in V$ et $y \in V$, tout revient à démontrer que v peut être *prolongée en une transformation $u \in U_n$.* La démonstration que nous allons esquisser est due à C. CHEVALLEY [1]. On raisonne par récurrence sur la dimension m de V et W: en appliquant l'hypothèse de récurrence à un sous-espace

U de V, de dimension $m - 1$, cela permet de supposer tout d'abord que $v(x) = x$ dans U. On considère ensuite un sous-espace $U_1 \supset U$ de plus grande dimension parmi ceux ayant la propriété suivante: v peut se prolonger à $V + U_1$ en une application linéaire w telle que $f(w(x), w(y)) = f(x, y)$ pour x et y dans $V + U_1$ et telle que $w(x) = x$ dans U_1. Remplaçant V par $V + U_1$ on peut supposer que $U_1 = U$, c'est-à-dire qu'il est impossible de prolonger v à un sous-espace $V_1 \supset V$, de sorte que $f(v(x), v(y)) = f(x, y)$ dans $V_1 \times V_1$ et qu'il existe dans V_1 des éléments invariants par v et non dans U. Le résultat étant trivial si $U = V$, on peut supposer que $V = U + aK$, avec $a \notin U$; soit $b = v(a) \notin U$. On peut aussi supposer $V \neq E$; cherchons à prolonger v à un sous-espace de E de dimension $m + 1$. Il faut et il suffit pour cela qu'on puisse trouver $z \notin V$, $z' \notin W$ satisfaisant aux conditions suivantes:

(A) $z' - z$ est orthogonal à U, $f(z, a) = f(z', b)$ et $f(z, z) = f(z', z')$.

On prolongera alors v à $V + zK$ en posant $v(z) = z'$.

Remarquons alors qu'en raison du caractère *maximal* de U, il est impossible que les conditions (A) soient satisfaites pour $z' = z$, c'est-à-dire que $z = z'$ soit orthogonal à $b - a$, et n'appartienne ni à V, ni à W. On en conclut que l'hyperplan H orthogonal à $b - a$ est contenu dans V ou dans W, autrement dit, dans les conditions auxquelles nous nous sommes ramenés, $m = n - 1$. Supposons par exemple $H = V$; alors $f(a, b - a) = 0$, soit $f(a, b) = f(a, a) = f(b, b)$ et par suite $f(b, b - a) = 0$, d'où $b \in H$, et $H = W$.

On est ainsi ramené au cas où $V = W$ est un hyperplan H orthogonal à $b - a$; $b - a$ est donc un vecteur isotrope, et a et b sont orthogonaux à $b - a$, ainsi que U. On cherche alors à satisfaire aux conditions (A) en prenant z arbitraire, non dans V, posant $z' = z + c + (b - a)\xi$, et cherchant à déterminer c et ξ par (A). On doit d'abord prendre c orthogonal à U, et la condition $f(z', b) = f(z, a)$ donne $f(c, b) = -f(z, b - a) = \beta \neq 0$; comme $b \notin U$, il existe bien $c \in U^0$ tel que $f(c, b) = \beta$; en outre c ne peut être orthogonal à a, sans quoi il le serait à $H = U + aK$ et par suite à b; donc $f(c, a) = \alpha \neq 0$. On en conclut d'abord que $f(z', b - a) = f(z, b - a) + f(c, b - a) = -f(c, a) = -\alpha \neq 0$, donc $z' \notin H$ quel que soit ξ. Il reste à déterminer ξ par l'équation $f(z', z') = f(z, z)$, qui s'écrit

$$\alpha\xi + \xi^J \alpha^J = f(z + c, z + c) - f(z, z) = \lambda + \lambda^J$$

puisque f est tracique; $\xi = \alpha^{-1}\lambda$ répond à la question.

Avant de passer aux conséquences du théorème de WITT, signalons qu'on en déduit facilement que, pour qu'on puisse transformer V en W par une similitude, il faut et il suffit que la restriction de f à $V \times V$ soit équivalente à la restriction de f à $W \times W$, multipliée par un élément μ du *groupe des multiplicateurs* $M(f)$ (§ 9).

Le théorème de WITT entraîne les résultats suivants:

3) *Si V et W sont des sous-espaces totalement isotropes de même dimension, il existe une transformation $u \in U_n(K, f)$ telle que $u(V) = W$.*

4) *Tout sous-espace totalement isotrope V de E est contenu dans un sous-espace totalement isotrope de dimension maxima ν.*

En effet, si la dimension r de V est $< \nu$, et si W est un sous-espace totalement isotrope de dimension ν, et V_1 un sous-espace de W de dimension r, il existe $u \in U_n(K, f)$ tel que $u(V_1) = V$; alors $u(W)$ répond à la question.

5) Soient V un sous-espace totalement isotrope de dimension maxima ν, W un sous-espace totalement isotrope de dimension ν tel que $V \cap W = \{0\}$; $M = V + W$ est un sous-espace non isotrope de dimension 2ν, car un vecteur isotrope orthogonal à V est nécessairement contenu dans V (§ 7). En outre, M^0 est un sous-espace de dimension $n - 2\nu$ ne contenant aucun vecteur isotrope, pour la même raison. Si maintenant V_1, W_1 sont deux sous-espaces totalement isotropes de dimension ν tels qu $V_1 \cap W_1 = \{0\}$, *il existe une transformation unitaire u telle que $u(V) = V_1$ et $u(W) = W_1$*, comme le montrent le théorème de WITT et l'existence de bases de $V + W$ et $V_1 + W_1$ du type décrit dans 1); comme $u(M^0) = M_1^0$, les restrictions de f à $M^0 \times M^0$ et à $M_1^0 \times M_1^0$ sont équivalentes. La restriction de f à $M^0 \times M^0$, qui est donc définie à une équivalence près, est appelée la forme anisotrope *réduite* de la forme f. Pour que deux formes hermitiennes soient équivalentes, il faut et il suffit qu'elles aient même indice et que les formes anisotropes réduites soient *équivalentes*.

Si K est un corps commutatif ordonné (donc de caractéristique 0) et f une forme symétrique, les éléments $c_i = 1/2(e_i + e_{i+\nu})$, $c_{i+\nu} = 1/2(e_i - e_{i+\nu})$ $(1 \leq i \leq \nu)$ forment une base orthogonale de $M = V + W$ pour laquelle $f(c_i, c_i) = 1/2$ et $f(c_{i+\nu}, c_{i+\nu}) = -1/2$ pour $1 \leq i \leq \nu$; complétant la base (c_i) en une base orthogonale de E à l'aide d'une base orthogonale (c_i) $(2\nu \leq i \leq n)$ de M^0, on voit que l'on a $\nu \leq \mathrm{Min}(p, n-p)$ en désignant par p le nombre d'indices i pour lesquels $f(c_i, c_i) > 0$. Si en outre K est euclidien, la base de M^0 est telle que $f(c_i, c_i) = 1$ pour $i > 2\nu$ ou $f(c_i, c_i) = -1$ pour $i > 2\nu$, puisque M^0 ne contient aucun vecteur isotrope; on a donc dans ce cas $\nu = \mathrm{Min}(p, n - p)$. Ces résultats s'étendent aussitôt au cas où f est une forme hermitienne, K une extension quadratique ou un corps de quaternions généralisés sur un corps ordonné.

Remarquons enfin que le th. de WITT et les lemmes 1), 2), 3), 4) de ce § sont encore valables lorsque f est une forme *alternée*.

§ 12. Quasi-symétries et transvections dans les groupes unitaires.

Le problème de la *classification* des transformations appartenant à $U_n(K, f)$, ou à $GU_n(K, f)$ ou à $\Gamma U_n(K, f)$ consiste à chercher des critères pour que deux transformations u, v appartenant à un de ces groupes soient *conjuguées* dans ce groupe; nous n'étudierons que des cas particuliers de ce problème, qui a été traité de façon plus générale par C, JORDAN ([3], vol. III), T. SPRINGER [1] et H. JAKOBINSKI [1].

Remarquons d'abord que si une transformation de $\Gamma U_n(K, f)$ laisse invariant (globalement) un sous-espace vectoriel V de E, elle laisse aussi invariant (globalement) l'orthogonal V^0. Lorsque V est non isotrope, une telle transformation est donc déterminée par ses restrictions aux deux sous-espaces supplémentaires V, V^0, et l'ensemble de ces transformations est un groupe, isomorphe au sous-groupe de $\Gamma U_p(K, f_1) \times \Gamma U_{n-p}(K, f_2)$ formé des couples (v, w) tels que les automorphismes et les multiplicateurs associés à v et w soient les mêmes (f_1, f_2 étant les restrictions de f à $V \times V$ et $V^0 \times V^0$, p la dimension de V).

Considérons maintenant les transformations de $\Gamma U_n(K, f)$ laissant invariant *chaque élément* de V; une telle transformation u appartient nécessairement à $GU_n(K, f)$, et si V n'est pas totalement isotrope, elle appartient à $U_n(K, f)$. Soit $V_1 = V \cap V^0$, et U un supplémentaire de V_1 dans V; u est entièrement déterminé par sa restriction au sous-espace non isotrope U^0, dans lequel u est assujettie à laisser invariants les éléments de V_1. Lorsque $V_1 = \{0\}$ (c'est-à-dire que V est non isotrope), les transformations u forment un groupe isomorphe à $U_{n-p}(K, f_2)$ (avec les mêmes notations que ci-dessus). L'autre cas extrême est celui où V est totalement isotrope; occupons-nous seulement du cas où V est de dimension maxima v et où en outre $2v = n$. Soit alors W un second sous-espace totalement isotrope supplémentaire de V, et $(e_i)_{1 \leq i \leq 2v}$ une base de E du type décrit dans le § 11,1); si l'on pose $u(x) = x + v(x)$, la relation $f(u(x), u(y)) = f(x, y)$ donne d'abord $f(x, v(y)) = 0$ pour $x \in V$, $y \in W$, autrement dit, v est une application linéaire nulle dans V et appliquant W dans V. Pour $x \in W$ et $y \in W$ on obtient ensuite (pour une forme hermitienne f) la relation $f(x, v(y)) + f(y, v(x))^J = 0$; si l'on rapporte u à la base (e_i), la matrice de u est donc de la forme

$$\begin{pmatrix} I & S \\ O & I \end{pmatrix}$$

où $^tS = -S^J$ (autrement dit, S est une matrice *antihermitienne* d'ordre v et de rang *quelconque* $\leq v$); si l'on était parti d'une forme antihermitienne f, on trouverait que S est *hermitienne*. Le sous-groupe de $U_n(K, f)$ laissant invariants les éléments de V est donc dans ce cas isomorphe au groupe additif des matrices antihermitiennes (resp. hermitiennes) d'ordre v. Les transformations unitaires que nous venons de considérer sont dites transformations *spéciales*. Pour que deux telles transformations u_1, u_2 soient *conjuguées* dans $U_n(K, f)$, on voit sans peine qu'il faut et il suffit que les matrices S_1 et S_2 qui leur correspondent (ou, ce qui revient au même, les formes antihermitiennes $f(x, v_1(y))$ et $f(x, v_2(y))$ dans W_1 et W_2 respectivement) soient *équivalentes*.

Reprenons en particulier les transformations unitaires laissant invariants tous les éléments d'un *hyperplan* V, c'est-à-dire les dilatations et transvections unitaires (§ 2). Si V est *non isotrope* et si a est un vecteur orthogonal à V, on a nécessairement $u(a) = a\alpha$ et $\alpha^J f(a, a)\, \alpha = f(a, a)$; une telle transformation est dite *quasi-symétrie* d'hyperplan V. Il en existe toujours qui sont distinctes de l'identité: si K n'est pas de caractéristique 2, il suffit de prendre $\alpha = -1$ (*symétrie* d'hyperplan V). Si au contraire K est de caractéristique 2, on a $f(a, a) = \lambda + \lambda^J$; prenons alors $\alpha = \lambda^{-1}\lambda^J$; on a $\alpha^J \lambda \alpha = \lambda$ et $\alpha^J \lambda^J \alpha = \lambda^J$, d'où notre assertion, puisque $\lambda^J \neq \lambda$. On notera que dans le groupe orthogonal $O_n(K, f)$ (K de caractéristique $\neq 2$), la seule quasi-symétrie d'hyperplan V distincte de l'identité est la symétrie par rapport à V, et que le groupe symplectique $Sp_n(K)$ est le *seul* groupe unitaire dans lequel il n'y a pas de quasi-symétries (parce qu'il n'y a pas d'hyperplan non isotrope).

Quant aux *transvections unitaires* d'hyperplan V, elles n'existent que si l'hyperplan V est *isotrope*, et le vecteur a de la transvection est alors un vecteur isotrope orthogonal à V; la transvection a donc la forme $x \rightarrow x + a\lambda f(a, x)$, où λ est antisymétrique si f est hermitienne et symétrique si f est antihermitienne; si l'on change a en $a\mu^{-1}$, λ est changé en $\mu\lambda\mu^J$. Pour que deux transvections correspondant aux éléments λ, λ' soient conjuguées dans U_n, il faut et il suffit que $\lambda' = \mu^J \lambda \mu$ pour un μ convenable. On notera que dès qu'il existe des vecteurs isotropes dans E, il existe des transvections unitaires, *sauf* pour le groupe orthogonal $O_n(K, f)$ (K de caractéristique $\neq 2$), puisqu'il n'y a alors aucun élément antisymétrique et $\neq 0$ dans K.

§ 13. Semi-involutions dans les groupes unitaires et leurs centralisateurs: Premier cas.

Soit u une semi-involution dans $\Gamma U_n(K, f)$, relative à un automorphisme σ de K. Soit $u^2(x) = x\gamma$ et $f(u(x), u(y)) = e(f(x, y))^\sigma$. Récrivons les relations (1), (2), (21) et (22) qui donnent ici

$$\gamma^\sigma = \gamma, \quad \xi^{\sigma^2} = \gamma^{-1}\xi\gamma, \quad \xi^{\sigma J} = e\xi^{J\sigma}e^{-1}, \quad e^J = e \qquad (24)$$

et d'autre part, en calculant $f(u^2(x), u^2(y))$ de deux manières, il vient

$$\gamma^J \gamma = e e^\sigma. \qquad (25)$$

Nous supposerons dans ce paragraphe que γ *n'est pas de la forme* $\lambda\lambda^\sigma$ (cas A) du § 3); on forme alors l'extension quadratique $K_0 = K(\varrho)$ de K, avec $\varrho^2 = \gamma$ et $\eta\varrho = \varrho\eta^\sigma$ pour $\eta \in K$, et E devient un espace vectoriel de dimension $n/2$ sur K_0 en posant, pour $\zeta = \xi + \varrho\eta \in K_0$, et $x \in E$, $x\zeta = x\xi + u(x)\eta$; nous désignerons cet espace vectoriel par E_0. On voit aisément qu'il existe une correspondance biunivoque $x' \leftrightarrow x'_0$ entre le dual E^* de E et le dual E^*_0 de E_0, telle que l'on ait

$$\langle x'_0, x \rangle = \langle x', x \rangle + \varrho \langle x', u(x) \rangle^\sigma \gamma^{-1} \tag{26}$$

pour tout $x \in E$. On vérifie en outre, en vertu de (24) et (25), qu'on peut étendre à K_0 l'involution J, en posant $\varrho^J = \varrho e^\sigma \gamma^{-1}$. Alors, (26) montre qu'à la corrélation φ (associée à la forme f) correspond l'application φ_0 de E_0 dans E^*_0 définie par la formule

$$\langle \varphi_0(x), y \rangle = \langle \varphi(x), y \rangle + \varrho \langle \varphi(x), u(y) \rangle^\sigma \gamma^{-1} . \tag{27}$$

On vérifie alors, grâce à (24) et (25), que l'on a bien $\varphi_0(x\zeta) = \zeta^J \varphi_0(x)$ pour tout $\zeta \in K_0$; autrement dit, φ_0 est une *corrélation*. En outre, si ${}^t\varphi = \varepsilon\, \varphi$ avec $\varepsilon = \pm 1$, on a aussi ${}^t\varphi_0 = \varepsilon\, \varphi_0$, car il résulte de (27) que l'on a

$$\langle \varphi_0(x), y \rangle^J - \varepsilon \langle \varphi_0(y), x \rangle \in \varrho K$$

quels que soient x et y dans E_0; mais le premier membre est une forme linéaire en x (sur K_0), donc ses valeurs ne peuvent être toujours dans ϱK que si elle est identiquement nulle.

La forme réflexive $f_0(x, y)$ associée à φ_0 est donc donnée par la formule (traduction de (27))

$$f_0(x, y) = f(x, y) + \varrho\big(f(x, u(y))\big)^\sigma \gamma^{-1} . \tag{28}$$

Cherchons maintenant le groupe H des semi-similitudes qui *permutent projectivement* avec la semi-involution u, ce qui revient à étudier le *centralisateur* de l'involution $\bar{u} \in P\Gamma U_n$ dans le groupe projectif $P\Gamma U_n$ (cf. § 4). Une telle transformation v, correspondant à l'automorphisme τ de K, est telle que $vu = uv \cdot a$ $(a \in K)$, avec les deux conditions (3) et (4) qui en découlent; en outre, on a $\varphi(v(x)) = h \cdot \check{v}(\varphi(x))$ où h est un élément symétrique de K. On sait alors (§ 4) qu'on peut étendre τ en un automorphisme de K_0, de sorte que v devienne une collinéation de E_0 relative à cet automorphisme. Lorsqu'il en est ainsi, il résulte de la formule (28) que l'on a $f_0(v(x), v(y)) - h(f_0(x, y))^\tau \in \varrho K$ quels que soient x et y dans E_0; mais comme cette expression, pour x fixe, est semi-linéaire en y, elle ne peut prendre toutes ses valeurs dans ϱK que si elle est nulle. Par suite v appartient au groupe $\Gamma U_{n/2}(K_0, f_0)$. Inversement, une collinéation v de ce groupe répondra à la question si l'automorphisme τ de v laisse K (globalement) invariant et est tel que $\varrho^\tau = \varrho a$ (avec $a \in K$), et si le multiplicateur de v appartient à K. On observera que le sous-groupe H de $\Gamma U_{n/2}(K_0, f_0)$ défini par ces conditions contient comme sous-groupe distingué le *groupe unitaire* $U_{n/2}(K_0, f_0)$.

§ 14. Semi-involutions dans les groupes unitaires et leurs centralisateurs: Second cas

Les notations étant celles du § 13, supposons maintenant que $\gamma = \lambda \lambda^\sigma$; remplaçant u par $u \cdot \lambda^{-1}$ (ce qui revient à changer l'automorphisme et le multiplicateur de u), on peut supposer que $\gamma = 1$, d'où $\sigma^2 = 1$ et $ee^\sigma = 1$. Nous distinguerons deux cas principaux, suivant que σ est ou non l'identité.

A) *σ est l'identité*, d'où $e^2 = 1$. Trois cas sont à considérer:

A 1) K n'est pas de caractéristique 2 et $e = 1$; u est une involution de $U_n(K, f)$. On vérifie immédiatement que tout vecteur de U^+ est orthogonal à tout vecteur de U^-, ce qui implique que U^+ et U^- sont non isotropes, chacun étant l'orthogonal de l'autre. Inversement, pour tout couple de sous-espaces non isotropes supplémentaires et orthogonaux V, W, la transformation linéaire u telle que $u(x) = x$ dans V, $u(x) = -x$ dans W, est une involution de $U_n(K, f)$.

Soit alors v une semi-similitude, correspondant à l'automorphisme τ de K et de multiplicateur h, telle que $vu = uv \cdot a$; la condition (4) donne $a^2 = 1$, autrement dit $vu = \pm uv$; on ne peut d'ailleurs avoir $vu = -uv$ que si U^+ et U^- ont même dimension. Si H est le groupe des $v \in \Gamma U_n$ qui permutent projectivement avec u, et H_0 le centralisateur de u dans ΓU_n, H_0 est d'indice 1 ou 2 dans H, et H_0 est isomorphe au sous-groupe du produit $\Gamma U_p(K, f_1) \times \Gamma U_{n-p}(K, f_2)$ (avec $p = \dim U^+$, f_1 et f_2 étant les restrictions de f à $U^+ \times U^+$ et $U^- \times U^-$ respectivement) formé des couples (v_1, v_2) ayant mêmes automorphismes et mêmes multiplicateurs.

A 2) K n'est pas de caractéristique 2 et $e = -1$; de la relation $f(u(x), u(y)) = -f(x, y)$ on déduit aussitôt que U^+ et U^- sont des sous-espaces *totalement isotropes* supplémentaires, ce qui implique $n = 2m$ et $\dim U^+ = \dim U^- = m = \nu$. Inversement, si $n = 2\nu$, et si V, W sont deux sous-espaces totalement isotropes supplémentaires de dimension maxima ν, la collinéation (linéaire) u définie par $u(x) = x$ dans V, $u(x) = -x$ dans W, est telle que $f(u(x), u(y)) = -f(x, y)$ quels que soient x et y dans E.

Si maintenant $vu = uv \cdot a$ pour $v \in \Gamma U_n$, on a encore $a^2 = 1$, et on peut se borner comme ci-dessus à considérer le centralisateur H_0 de u dans ΓU_n. En effet, en supposant f hermitienne, on peut prendre une base de E du type décrit dans le § 11,1), et la transformation v telle que $v(e_i) = e_{i+m}$ et $v(e_{i+m}) = e_i$ pour $1 \leq i \leq m$ appartient à H et est telle que $vu = -uv$; donc H_0 est toujours d'indice 2 dans H. Si $v \in H_0$ correspond à l'automorphisme τ et au multiplicateur h, la relation $vu = uv$ montre que $v(U^+) = U^+$, $v(U^-) = U^-$, et la relation $f(v(x), v(y)) = h(f(x, y))^\tau$ pour $x \in U^+$ et $y \in U^-$ montre que les valeurs de v dans U^- sont entièrement déterminées par ses valeurs dans U^+. Les collinéations $v \in H_0$ sont donc telles que leurs restrictions à U^+ sont des collinéations dont les automorphismes τ ont la propriété que les antiautomorphismes τJ et $J\tau$ ne diffèrent que par un automorphisme intérieur de K; la réciproque est immédiate, et H_0 peut donc être identifié au sous-groupe de $\Gamma L_{n/2}(K)$ formé des collinéations dont l'automorphisme correspondant a la propriété précédente. On notera que H_0 contient comme sous-groupe distingué le *groupe linéaire général* $GL_{n/2}(K)$.

A 3) K est de caractéristique 2 et $e = 1$. Alors (§3) on a $u(x) = x + w(x)$, avec $w(E) \subset w^{-1}(0) = U$; en écrivant que u est unitaire, on voit aussitôt que $w(E)$ doit être orthogonal à U, et, étant de même dimension que U^0, $w(E) = U^0 \subset U$ est totalement isotrope; la réciproque est immédiate. Si $v \in \Gamma U_n(K, f)$ permute projectivement avec u, elle appartient au centralisateur H de u dans $\Gamma U_n(K, f)$, puisque $a^2 = 1$; on a donc nécessairement $v(U) = U$ et $v(U^0) = U^0$; désignons par V un sous-espace (non isotrope) supplémentaire de U^0 par rapport à U; si $p = \dim U^0$, V^0 est un sous-espace non isotrope de dimension $2p$ contenant U^0, donc (§ 11) il existe dans V^0 un sous-espace totalement isotrope W de dimension p supplémentaire de U^0 par rapport à V^0.

Soit H_1 le sous-groupe distingué de H formé des v tels que $v(x) \equiv x$ (mod. U) pour tout $x \in E$, et $v(y) \equiv y$ (mod. U^0) pour tout $y \in U$. Cela entraîne d'abord que v est *linéaire* et de multiplicateur 1 si $V \neq \{0\}$, autrement dit v appartient à $U_n(K, f)$. En outre, on peut écrire $v(x) = x + v'(x)$ avec $v'(x) \in U$; écrivant que $f(v(x), v(y)) = f(x, y)$ pour $x \in W$ et $y \in U^0$, il vient $f(x, v(y) - y) = 0$ et comme $W^0 = V + W$ et $v(y) - y \in U^0$, cela entraîne $v(y) = y$ dans U^0. Lorsque $V = \{0\}$, on voit de même que $v(y) = yh$ dans U^0, h étant le multiplicateur de v (qui est alors dans le centre de K).

Soit H_2 le sous-groupe de H_1 laissant invariant chaque élément de U; toute transformation $v \in H_2$ laissant invariant tout élément de V, est entièrement déterminée par sa restriction à $V^0 = U^0 + W$, et est une transformation unitaire de cet espace laissant invariant chaque élément du sous-espace totalement isotrope U^0; c'est donc une transformation spéciale (§ 12), ce qui montre que H_2 est un groupe *abélien* isomorphe au groupe additif des matrices antihermitiennes (resp. hermitiennes) d'ordre p, si f est hermitienne (resp. antihermitienne).

Le groupe H_1/H_2 est d'autre part isomorphe au groupe H_1' des restrictions des $v \in H_1$ au sous-espace U. Si $V \neq \{0\}$, posons $v(y) = y + v''(y)$, avec $v''(y) \in U^0$, pour tout $y \in V$; posons d'autre part $v(x) = x + v'(x)$, avec $v'(x) \in U$, pour tout $x \in W$. La relation $f(v(x), v(y)) = f(x, y)$ donne alors $f(v'(x), y) + f(x, v''(y)) = 0$; pour toute application linéaire v'' de V dans U^0, on constate en prenant des bases dans V et $V^0 = U^0 + W$ (par exemple une base orthogonale ou symplectique dans V, et dans V^0 une base décrite dans le § 11,1)) qu'il existe une application linéaire v' et une seule de W dans V satisfaisant à la relation précédente. Ceci montre que H_1/H_2 est isomorphe au groupe additif des matrices à p lignes et $n - 2p$ colonnes, soit à $K^{p(n-2p)}$. Si $V = \{0\}$, on a $v(y) = yh$ dans $U^0 = U$ et on peut prendre $v(x) = x$ dans W, donc H_1/H_2 est isomorphe au groupe multiplicatif Z^* du centre de K.

Déterminons enfin H/H_1. Pour tout $v \in H$, posons $v(x) = v_1(x) + v'(x)$, avec $v_1(x) \in W$ et $v'(x) \in U$ pour tout $x \in W$, et $v(y) = v_2(y) + v''(y)$, avec $v_2(y) \in V$ et $v''(y) \in U^0$, pour tout $y \in V$. Définissons la collinéation $\tilde{v}$ comme suit: $\tilde{v}(x) = v_1(x)$ pour $x \in W$, $\tilde{v}(y) = v_2(y)$ pour $y \in V$ et $\tilde{v}(z) = v(z)$ pour $z \in U^0$. On vérifie que $\tilde{v}$ appartient à $\Gamma U_n(K, f)$ (avec le même automorphisme τ et le même multiplicateur h que v) et que pour que v commute avec u, il faut et il suffit que $\tilde{v}$ commute avec u. On définit donc ainsi une représentation $v \to \tilde{v}$ de H sur un sous-groupe $\tilde{H}$ de H, et comme le noyau de cette représentation est H_1, $\tilde{H}$ est isomorphe à H/H_1. Or, si on prend pour $V^0 = U^0 + W$ une base du type décrit dans le § 11,1), on constate que la matrice de la restriction de $\tilde{v}$ à V^0 est de la forme $\begin{pmatrix} \breve{A}'h\,0 \\ 0\ \ A \end{pmatrix}$ où A est une matrice carrée d'ordre p; d'ailleurs la matrice de la restriction de u à V^0 est de la forme $\begin{pmatrix} I\ S \\ 0\ I \end{pmatrix}$ où S est antihermitienne (resp. hermitienne) d'ordre p si f est hermitienne (resp. antihermitienne). La condition de permutation de u et $\tilde{v}$ dans V^0 s'écrit alors ${}^t A^J S A = h S^\tau$, autrement dit, la restriction de v à V^0 doit appartenir à $\Gamma U_p(K, S)$. D'autre part, la restriction de $\tilde{v}$ à V doit appartenir à $\Gamma U_{n-2p}(K, f_1)$, f_1 étant la restriction (non dégénérée) de f à $V \times V$. Finalement $\tilde{H} \cong H/H_1$ est *isomorphe au sous-groupe de $\Gamma U_{n-2p}(K, f_1) \times \Gamma U_p(K, S)$ formé des couples de collinéations ayant même automorphisme et même multiplicateur*. On observera que la forme réflexive correspondant à S est non dégénérée mais peut être *non tracique* (cf. § 10).

B) *σ n'est pas l'identité*. On désignera par K_1 le sous-corps des éléments de K invariants par σ; on notera qu'en général K_1 n'est pas invariant (globalement) par J. On sait alors que l'ensemble U^+ des $x \in E$ tels que $u(x) = x$ est un sous-espace de E par rapport à K_1, de dimension n, une base de U^+ sur K_1 étant aussi une base de E sur K (§ 3). Or, on a $f(x, y) = e f(x, y)^\sigma$ pour $x \in U^+$ et $y \in U^+$; en remplaçant x par $x\xi$, où $\xi \in K_1$, on en conclut que $\xi^J = e \xi^{J\sigma} e^{-1}$; par suite, si $e = \pm 1$, K_1 est globalement invariant par J. Nous allons voir qu'en multipliant la forme f par un élément symétrique ou antisymétrique convenable, on peut toujours se ramener au cas où $e = 1$. Supposons d'abord que $r = 1 + e \neq 0$; alors $r^J = r$, et $r^\sigma = re^{-1}$, soit $e = r^{1-\sigma}$; si on pose $g(x, y) = r^{-1} f(x, y)$, g est hermitienne (resp. antihermitienne) pour l'involution $\xi \to \xi^T = r^{-1} \xi^J r$ si f est hermitienne (resp. antihermitienne) pour J, et l'on a $g(u(x), u(y)) = (g(x, y))^\tau$. Le seul cas qui reste à examiner est celui où $e = -1$, K n'étant pas de caractéristique 2; mais alors $K = K_1(\varrho)$, avec $\varrho^\sigma = -\varrho$; si l'on forme $r = \varrho^J \pm \varrho$, r est $\neq 0$ pour un au moins des deux signes, et l'on a $r^J \pm r$ et $r^\sigma = -r$, d'où encore $e = r^{1-\sigma}$, et l'on procède comme ci-dessus.

Supposons donc désormais que $e = 1$. Alors, pour $x \in U^+$ et $y \in U^+$, on a $f(x, y) = (f(x, y))^\sigma$, donc $f(x, y) \in K_1$, et f est une forme réflexive sur $U^+ \times U^+$, *non dégénérée* puisqu'une base de U^+ sur K_1 est une base de E sur K.

Pour l'étude des transformations $v \in \Gamma U_n(K, f)$ qui permutent projectivement avec u, on sait (§ 4) qu'on peut toujours, en multipliant v par un scalaire, se ramener au cas où $vu = \pm uv$, auquel cas K_1 est (globalement) invariant par l'automorphisme τ de K correspondant à v. Distinguons alors deux cas:

B 1) K n'est pas de caractéristique 2. On a alors $K = K_1(\varrho)$, avec $\varrho^\sigma = -\varrho$, et comme $\varrho^{\sigma J} = \varrho^{J\sigma}$ d'après (24), $\varrho^{J\sigma} = -\varrho^J$, donc $\varrho^J = \varrho\delta$ avec $\delta \in K_1{}^*$. On se limitera au centralisateur H_0 de u dans $\Gamma U_n(K, f)$, sous-groupe d'indice 1 ou 2 dans le groupe H des $v \in \Gamma U_n$ tels que $vu = \pm uv$. Alors la restriction de v à U^+ est une transformation de $\Gamma U_n(K_1, f_1)$, en désignant par f_1 la restriction de f à $U^+ \times U^+$; l'automorphisme τ de K_1 correspondant à v doit vérifier les conditions (5) et (6) du § 4; en outre, si h est le multiplicateur de v (qui appartient nécessairement à K_1), en écrivant que l'on a $\varrho^{\tau J} = h\varrho^{J\tau}h^{-1}$, il vient la condition

$$\alpha^{J\omega}\delta h = h^\omega \alpha \delta^\tau .\tag{29}$$

Inversement, si cette condition est vérifiée, on peut prolonger $v \in \Gamma U_n(K_1, f_1)$ en une collinéation de E en posant $v(x\varrho) = v(x)\varrho^\tau$ (§ 4), et l'on vérifie que l'on a $f(v(x\varrho), v(y\varrho)) = h(f(x\varrho, y\varrho))^\tau$ pour $x \in U^+, y \in U^+$; autrement dit, on a $v \in \Gamma U_n(K, f)$ et comme $U^- = U^+\varrho$, $v(U^-) = U^-$, d'où $v \in H_0$. En résumé, H_0 est isomorphe au sous-groupe de $\Gamma U_n(K_1, f_1)$ formé des semi-similitudes dont l'automorphisme τ et le multiplicateur h vérifient les conditions (5), (6) et (29) (pour un $\alpha \in K_1$ dépendant de v). On notera que ce sous-groupe contient le *groupe unitaire $U_n(K_1, f_1)$* comme sous-groupe distingué.

B 2) K est de caractéristique 2. On a alors (§ 4) $K = K_1(\theta)$, avec $\theta^\sigma = \theta + 1$, et la relation $\theta^{J\sigma} = \theta^{\sigma J}$ donne ici $\theta^{J\sigma} = \theta^J + 1$, donc $\theta^J = \theta + \delta$, avec $\delta \in K_1$. Le groupe H est ici le centralisateur de u dans $\Gamma U_n(K, f)$. La restriction de v à U^+ est, avec les mêmes conventions que dans B 1), une transformation de $\Gamma U_n(K_1, f_1)$, dont l'automorphisme τ doit vérifier les conditions (7) et (8) du § 4; en outre le multiplicateur $h \in K_1$ de cette semi-similitude doit satisfaire à la condition $\theta^{\tau J} = h\theta^{J\tau}h^{-1}$, qui donne ici

$$Dh + h(\lambda + \delta^\tau) + (\delta + \lambda^J)h = 0 .\tag{30}$$

On conclut comme dans B 1) que H est isomorphe au sous-groupe de $\Gamma U_n(K_1, f_1)$ formé des semi-similitudes dont l'automorphisme et le multiplicateur satisfont à (7), (8) et (30) (pour un $\lambda \in K_1$ dépendant de v); ce groupe contient le *groupe unitaire $U_n(K_1, f_1)$* comme sous-groupe distingué.

---

* Si on a $\varrho^2 = \beta \in K_1$, et si on pose $\xi^\omega = \varrho^{-1}\xi\varrho$ pour $\xi \in K_1$, on a nécessairement $\xi^{\omega J} = \mu\xi^{J\omega}\mu^{-1}$ pour $\xi \in K_1$ avec $\mu \in K_1$, $\mu^J = \mu$, $\beta^\omega = \beta$, $\beta^J \beta = \mu\mu^\omega$ et alors $\delta = \mu^{-1}\beta^J = \mu^\omega \beta^{-1}$.

§ 15. Corrélations permutables.

Nous avons défini la notion de collinéation *permutant projectivement* avec une collinéation (§ 4) ou avec une corrélation (§ 9). Si maintenant φ et ψ sont deux corrélations de E sur E^*, $\varphi^{-1}\psi$ est une collinéation de E; nous dirons que les corrélations φ et ψ sont *projectivement permutables* si $\varphi^{-1}\psi$ est une *semi-involution* (§ 3) de $\varGamma L_n(K)$, autrement dit s'il existe $\gamma \in K$ tel que l'on ait pour tout $x \in E$

$$\varphi^{-1}(\psi(x)) = \psi^{-1}(\varphi(x))\,\gamma\ . \tag{31}$$

Il est clair que cette notion ne dépend pas de l'ordre dans lequel on considère φ et ψ. En outre, les trois notions de «permutabilité projective» ainsi définies sont *cohérentes*, au sens suivant: si une collinéation u (resp. une corrélation θ) permute projectivement avec deux corrélations φ, ψ, elle permute projectivement avec la collinéation $\varphi^{-1}\psi$; si une collinéation u permute projectivement avec une collinéation v et avec une corrélation φ, elle permute projectivement avec la corrélation φv; enfin si une corrélation ψ permute projectivement avec une collinéation v et avec une corrélation φ, elle permute projectivement avec la corrélation φv.

La détermination du centralisateur d'une involution de $P\varGamma L_n$ (§ 4) ou d'une involution de $P\varGamma U_n$ (§§ 13 et 14) est un cas particulier du problème général suivant, dont nous rencontrerons d'autres exemples (chap. IV, § 8): *Etant donnés un certain nombre de semi-involutions $u_i \in \varGamma L_n(K)$ $(1 \leqq i \leqq q)$ et de corrélations réflexives φ_j $(1 \leqq j \leqq r)$, deux à deux projectivement permutables, déterminer les collinéations v qui permutent projectivement avec les u_i $(1 \leqq i \leqq q)$ et les φ_j $(1 \leqq j \leqq r)$.* Les remarques précédentes permettent de se ramener au cas où $r = 0$ ou $r = 1$ (en remplaçant $r - 1$ des φ_j par les collinéations $\varphi_1^{-1}\varphi_j$).

Cela étant, si K est de caractéristique $\neq 2$, on peut utiliser les résultats des §§ 4, 13 et 14 pour indiquer un procédé de *récurrence* sur le nombre q des semi-involutions u_i, permettant d'étudier le groupe H des v permutant projectivement avec les u_i et avec φ (J. DIEUDONNÉ [14]). Considérons en effet la semi-involution u_1 et distinguons plusieurs cas:

1) u_1 répond aux conditions du § 13; alors (avec les notations de ce paragraphe), les u_i $(2 \leqq i \leqq q)$ peuvent être considérées comme $q - 1$ semi-involutions de $\varGamma U_{n/2}(K_0, f_0)$, et v comme une transformation de $\varGamma U_{n/2}(K_0, f_0)$ permutant projectivement avec les u_i $(2 \leqq i \leqq q)$, et dont l'automorphisme et le multiplicateur satisfont aux conditions précisées au § 13.

2) u_1 répond aux conditions du cas B) du § 14; les u_i $(2 \leqq i \leqq q)$ éventuellement multipliés par des scalaires convenables, peuvent être considérées comme $q - 1$ semi-involutions de $\varGamma U_n(K_1, f_1)$, et v comme une transformation de $\varGamma U_n(K_1, f_1)$ permutant projectivement avec les

u_i $(2 \leqq i \leqq q)$ et satisfaisant en outre aux conditions indiquées au § 14 en ce qui concerne l'automorphisme et le multiplicateur correspondant.

3) u_1 répond aux conditions du cas A 1) du § 14. Si U^+ et U^- n'ont pas même dimension, les u_i $(2 \leqq i \leqq q)$ laissent ces deux sous-espaces globalement invariants, ainsi que tout $v \in H$ et, à des conditions près sur le multiplicateur et l'automorphisme de v, on est ramené au problème initial pour chacun des espaces U^+ et U^-, mais avec seulement $q-1$ semi-involutions u_i. Il en est de même si U^+ et U^- ont même dimension, et si $u_i u_1 = u_1 u_i$ pour $2 \leqq i \leqq q$, à cela près qu'on passe de H à un sous-groupe H_0 d'indice 2. Si enfin $u_2 u_1 = - u_1 u_2$, on peut supposer que $u_i u_1 = u_1 u_i$ pour $i \geqq 3$ (en remplaçant éventuellement u_i par $u_2 u_i$); on a alors $u_2(U^+) = U^-$, $u_2(U^-) = U^+$, $u_i(U^+) = U^+$ et $u_i(U^-) = U^-$ pour $i \geqq 3$; en passant à un sous-groupe H_0 d'indice 2 dans H, on peut se borner au cas où $v u_1 = u_1 v$, et alors on a aussi $v(U^+) = U^+, v(U^-) = U^-$. La restriction v' de v au sous-espace U^+ est donc une transformation de $\Gamma U_{n/2}(K, f')$ (où f' est la restriction de f à $U^+ \times U^+$) qui permute projectivement aux restrictions des u_i $(3 \leqq i \leqq q)$ à U^+; on constate que réciproquement une telle transformation ne se prolonge pas nécessairement à une collinéation $v \in H_0$, mais qu'il en est toutefois ainsi lorsqu'elle appartient à $U_{n/2}(K, f')$ et qu'elle permute avec les u_i $(i \geqq 3)$.

4) u_1 répond aux conditions du cas A 2) du § 14. Si $u_i u_1 = u_1 u_i$ pour $2 \leqq i \leqq q$, les u_i laissent les espaces U^+ et U^- globalement invariants, et l'on peut supposer qu'il en est de même de v, en passant à un sous-groupe H_0 d'indice 2 dans H. Ici, la restriction v' de v à U^+ est une collinéation qui doit permuter projectivement aux restrictions à U^+ des u_i $(2 \leqq i \leqq q)$; une telle collinéation ne se laisse pas nécessairement prolonger à une collinéation $v \in H_0$, mais il en est ainsi de celles qui appartiennent à $GL_{n/2}(K)$ et permutent avec les u_i $(i \geqq 2)$.

Si enfin $u_2 u_1 = - u_1 u_2$, on peut encore supposer que $u_i u_1 = u_1 u_i$ pour $i \geqq 3$. Si τ est l'automorphisme correspondant à u_2, la forme sesquilinéaire $f'(x, y) = f(u_2(x), y)$ définie pour $x \in U^+$ et $y \in U^+$ est réflexive, relativement à l'antiautomorphisme τJ. Alors, la restriction v' de v à U^+ doit appartenir à $\Gamma U_{n/2}(K, f')$ et permuter projectivement aux restrictions des u_i $(3 \leqq i \leqq q)$ à U^+; ici encore la réciproque n'est pas toujours exacte, mais elle l'est pour les v' qui appartiennent à $U_{n/2}(K, f')$ et permutent avec les u_i $(i \geqq 3)$.

§ 16. Formes quadratiques et groupes orthogonaux sur un corps de caractérisque 2.

Si K est un corps commutatif de caractéristique $\neq 2$, f une forme bilinéaire symétrique sur $E \times E$, on appelle *forme quadratique* associée à f l'application $x \to Q(x) = f(x, x)$ de E dans K. On voit immédiatement que l'on a

$$Q(\lambda x + \mu y) = \lambda^2 Q(x) + \mu^2 Q(y) + 2\lambda\mu f(x, y) \tag{32}$$

quels que soient les scalaires λ, μ, ce qui en particulier donne $f(x, y) = 1/2(Q(x + y) - Q(x) - Q(y))$. Inversement, si une application Q de E dans K vérifie une identité de la forme (32), où f est une forme bilinéaire sur $E \times E$, on en tire aussitôt que $Q(\lambda x) = \lambda^2 Q(x)$, que f est symétrique et que $Q(x) = f(x, x)$.

Supposons maintenant que K soit un corps commutatif *de caractéristique* 2. On appelle alors *forme quadratique* une application Q de E dans K qui satisfait à une identité de la forme

$$Q(\lambda x + \mu y) = \lambda^2 Q(x) + \mu^2 Q(y) + \lambda\mu f(x, y) \tag{33}$$

où f est une forme bilinéaire sur $E \times E$. Cette forme est entièrement déterminée par Q, car on tire de (33) que

$$f(x, y) = Q(x + y) + Q(x) + Q(y) . \tag{34}$$

En outre, on a $Q(\lambda x) = \lambda^2 Q(x)$ et par suite $f(x, x) = 0$; f est une forme *alternée*. Soit $2p \leq n$ le rang de f, et soit E^0 le sous-espace de E, de dimension $n - 2p$, orthogonal à E. Si on désigne par h la restriction de Q à E^0, on a, pour $x \in E^0$ et $y \in E^0$

$$h(\lambda x + \mu y) = \lambda^2 h(x) + \mu^2 h(y) . \tag{35}$$

Or, $\xi \to \xi^2$ est un isomorphisme de K sur son sous-corps K^2; la formule (35) signifie que h est une application *semi-linéaire* de l'espace vectoriel E^0 sur K, dans l'espace vectoriel K sur K^2, relative à l'isomorphisme $\xi \to \xi^2$; le noyau F de cette application est donc un sous-espace vectoriel de E^0, de dimension $q \leq n - 2p$, et l'image $M = h(E^0)$ est un sous-espace vectoriel de K (sur K^2) de dimension $n - 2p - q = d$; on a donc $d \leq [K : K^2]$, et en particulier, lorsque K est *parfait* (donc égal à K^2), $d = 0$ ou $d = 1$; $n - q$ est appelé le *rang* de Q. Soit U un sous-espace de dimension $2p$, supplémentaire de E^0 dans E, et V un sous-espace de E^0 de dimension d, supplémentaire de F par rapport à E^0; si on prend une base symplectique $(e_i)_{1 \leq i \leq 2p}$ de U (pour la forme f), une base quelconque $(e_i)_{2p+1 \leq i \leq 2p+d}$ de V et une base quelconque $(e_i)_{2p+d+1 \leq i \leq n}$ de F, l'expression de $Q(x)$, pour $x = \sum_{i=1}^{n} e_i \xi_i$, est

$$Q(x) = \sum_{i=1}^{p} (\alpha_i \xi_i^2 + \beta_i \xi_i \xi_{p+i} + \gamma_i \xi_{p+i}^2) + \sum_{i=2p+1}^{2p+d} \delta_i \xi_i^2, \text{ la relation}$$

$\sum_{i=2p+1}^{2p+d} \delta_i \xi_i^2 = 0$ entraînant $\xi_i = 0$ pour $2p + 1 \leq i \leq 2p + d$. Nous dirons que Q est *non dégénérée* si $q = 0$; $d = n - 2p$ est alors appelé le *défaut* de Q, et Q est dite *défective* si $d > 0$ (ce qui est toujours le cas pour un espace E de dimension impaire). Nous supposerons toujours désormais que la forme quadratique $Q(x)$ est *non dégénérée*; sa restriction à tout supplémentaire U de E^0 est alors *non défective*.

Un vecteur non nul $x \in E$ est dit *singulier* si $Q(x) = 0$; un sous-espace V de E est dit *singulier* si $Q(x) = 0$ pour tout $x \in V$; comme $Q(x) \neq 0$ en tout point $x \neq 0$ de E^0, on a $V \cap E^0 = \{0\}$ et par suite V est contenu dans un supplémentaire E_1 de E^0, et en vertu de (34), il est *totalement isotrope* (pour la forme f), donc sa dimension est $\leq p$. On appelle *indice* de Q la dimension maxima ν des sous-espaces *singuliers* de E; on a donc $\nu \leq p$, et on peut choisir un sous-espace E_1 supplémentaire de E^0, contenant un sous-espace singulier de dimension maxima ν; on supposera désormais E_1 choisi une fois pour toutes de cette façon; *l'orthogonalité* dans E_1 sera toujours entendue relativement à la forme alternée f. On a alors le lemme analogue au premier lemme du § 11: *Pour tout vecteur singulier a de E_1 et tout plan non isotrope P contenant a, il existe dans P un second vecteur singulier et un seul b tel que $f(a, b) = 1$.* Si $f(a, c) \neq 0$, l'équation $Q(c + a\xi) = 0$ s'écrit en effet $f(a, c)\xi + Q(c) = 0$. De là on déduit que les résultats 1) et 2) du § 11 sont valables en remplaçant E par E_1 et «totalement isotrope» par «singulier». On notera aussi que si $V \subset E_1$ est singulier et W un sous-espace singulier contenu dans V^0 (orthogonal de V *dans* E_1), $V + W$ est encore singulier; si V est de dimension maxima ν, tout vecteur singulier contenu dans V^0 est donc dans V.

Si E et F sont des espaces vectoriels de même dimension sur K, et u un isomorphisme de F sur E, la forme $x \to Q(u(x))$ sur F est évidemment une forme quadratique, qu'on dit obtenue en *transportant* la forme Q au moyen de u; la forme alternée correspondante est transportée de f par u. Deux formes quadratiques sont dites *équivalentes* si elles sont transportées l'une de l'autre; elles ont alors même rang, ainsi que les formes alternées associées, et même indice.

Le problème d'équivalence n'est résolu que dans un petit nombre de cas; on se bornera aux formes non dégénérées. Si K est *algébriquement clos*, on a $p = \nu$, une équation quadratique ayant toujours des solutions dans K; comme en outre $d = 0$ ou $d = 1$, on voit qu'il existe toujours une base $(e_i)_{1 \leq i \leq n}$ de E telle que l'on ait

$$Q(x) = \xi_1 \xi_{p+1} + \cdots + \xi_p \xi_{2p} \quad \text{si } n = 2p$$

$$Q(x) = \xi_1 \xi_{p+1} + \cdots + \xi_p \xi_{2p} + \xi_{2p+1}^2 \quad \text{si } n = 2p + 1 \,.$$

Lorsque $K = \mathbf{F}_q$ $(q = 2^s)$ il existe toujours une base (e_i) de E telle que l'on ait

$$Q(x) = \xi_1 \xi_{p+1} + \cdots + \xi_p \xi_{2p} + \xi_{2p+1}^2 \quad \text{si } n = 2p + 1$$

$$Q(x) = \xi_1 \xi_{p+1} + \cdots + \xi_{p-1} \xi_{2p-2} + (\alpha \xi_p^2 + \xi_p \xi_{2p} + \alpha \xi_{2p}^2) \quad \text{si } n = 2p$$

où on a, dans le second cas, $\alpha = 0$ ou α tel que le polynôme $\alpha X^2 + X + \alpha$

soit irréductible sur K (L. E. DICKSON [1], p. 197—199); dans le premier cas, on a donc $d = 1$, $\nu = p$, dans le second $d = 0$, $\nu = p$ ou $\nu = p - 1$ suivant que $\alpha = 0$ ou $\alpha \neq 0$.

Pour d'autres résultats sur le problème d'équivalence, voir CAHIT ARF [1].

On appelle *semi-similitude orthogonale* (relativement à la forme quadratique Q) une collinéation u dans E vérifiant la relation

$$Q(u(x)) = r_u(Q(x))^\sigma \qquad \text{pour tout } x \in E \tag{36}$$

où $\sigma = \sigma_u$ est l'automorphisme correspondant à u, et $r_u \in K^*$ est appelé le *multiplicateur* de u; la formule (34) montre que u est une semi-similitude *symplectique* de même multiplicateur si Q n'est pas défective. Ces semi-similitudes forment un sous-groupe noté $\Gamma O_n(K, Q)$ du groupe $\Gamma L_n(K)$ des collinéations. Les transformations du sous-groupe distingué $GO_n(K, Q)$ $= \Gamma O_n(K, Q) \cap GL_n(K)$ sont appelées *similitudes* (relatives à Q) et celles de multiplicateur 1 sont dites *transformations orthogonales*; elles forment un sous-groupe distingué $O_n(K, Q)$ de $GO_n(K, Q)$, que l'on appelle le *groupe orthogonal* (relatif à Q). L'application $u \to \sigma_u$ est un homomorphisme de $\Gamma O_n(K, Q)$ sur un sous-groupe du groupe des automorphismes de K, de noyau $GO_n(K, Q)$, et $u \to r_u$ un homomorphisme de $GO_n(K, Q)$ sur un sous-groupe du groupe multiplicatif K^*, de noyau $O_n(K, Q)$. On a évidemment $Z_n = H_n \subset GO_n(K, Q)$, le multiplicateur de l'homothétie $x \to x\gamma$ étant γ^2; les images $P\Gamma O_n(K, Q)$ et $PGO_n(K, Q)$ de ΓO_n et GO_n dans le groupe projectif $P\Gamma L_n(K)$ sont respectivement isomorphes à $\Gamma O_n/Z_n$ et à GO_n/Z_n. On verra plus tard (chap. II, § 10) qu'en général le centre de O_n est réduit à l'élément neutre, de sorte que O_n est isomorphe au groupe projectif PO_n qui est son image dans $P\Gamma L_n$.

Les groupes orthogonaux correspondant à deux formes quadratiques équivalentes sont isomorphes, et pour tout $\alpha \in K^*$, on a $\Gamma O_n(K, \alpha Q)$ $= \Gamma O_n(K, Q)$, $GO_n(K, \alpha Q) = GO_n(K, Q)$ et $O_n(K, \alpha Q) = O_n(K, Q)$.

Si u est une transformation orthogonale, on constate aisément que $u(E^0) = E^0$ et que la restriction de u à E^0 est *l'identité* (parce qu'on peut écrire $Q(u(x)) = Q(x)$ sous la forme $Q(u(x) - x) = 0$ si $x \in E^0$); u est donc entièrement déterminée par sa restriction à E_1, et pour $x \in E_1$, on peut poser $u(x) = u_1(x) + u_2(x)$, où $u_1(x) \in E_1$ et $u_2(x) \in E^0$. On constate que u_1 doit appartenir au *groupe symplectique* $Sp_{2p}(K)$, et être tel que $Q(u_1(x)) + Q(x) \in M$ *pour tout* $x \in E_1$; et réciproquement, si u_1 possède ces deux propriétés, il existe un u_2 et un seul tel que $u_1 + u_2 \in O_n(K, Q)$ (J. DIEUDONNÉ [4], p. 53—54); le groupe $O_n(K, Q)$ peut donc être considéré comme le *sous-groupe de* $Sp_{2p}(K)$ *formé des transformations v telles que* $Q(v(x)) + Q(x) \in M$ pour tout $x \in E_1$. Si Q est non défective, cette dernière condition se réduit bien entendu à $Q(v(x)) = Q(x)$.

3*

Lorsque K est un corps *parfait*, une forme Q non dégénérée est non défective si n est pair, a pour défaut 1 si n est impair; dans ce dernier cas, le groupe $O_n(K, Q)$ est *identique* au groupe symplectique $Sp_{2v}(K)$.

Lorsque Q est une forme *non défective*, le théorème de Witt a été généralisé par Cahit Arf [1] sous la forme:

Pour qu'il existe une transformation orthogonale $u \in O_n(K, Q)$ telle que $u(V) = W$, il faut et il suffit que les restrictions de Q à V et à W soient équivalentes.

La démonstration de Chevalley (§ 11) s'applique avec les seules modifications suivantes: dans les conditions (A), il faut remplacer $f(z, z) = f(z', z')$ par $Q(z) = Q(z')$; puis, à la fin de la démonstration, on remarque que, comme $f(a, a) = 0$, on a $f(a, b) = f(a, b - a) = 0$, d'où $Q(b - a) = Q(b) + Q(a) = 0$ en vertu de l'hypothèse. Alors la relation $Q(z + c + (b - a)\xi) = Q(z)$ se réduit à

$$\alpha\xi = Q(z + c) + Q(z)$$

qui détermine ξ, puisque $\alpha \neq 0$.

On déduit aussitôt de ce résultat que les propriétés 3), 4) et 5) du § 11 sont encore valables en y remplaçant «totalement isotrope» par «singulier».

Une *transvection* dans le groupe orthogonal $O_n(K, Q)$ (considéré comme sous-groupe du groupe symplectique $Sp_{2v}(K)$) est une transvection symplectique $x \to x + \lambda f(x, a)a$, où a doit donc être un vecteur isotrope. En écrivant que cette transformation est orthogonale, on trouve que l'on doit avoir $\lambda + \lambda^2 Q(a) \in M$.

Chapitre II.

Structure des groupes classiques

§ 1. Centre et groupe des commutateurs de $GL_n(K)$

Soit E un espace vectoriel de dimension n sur K. Toute collinéation u de E qui permute avec toutes les transformations linéaires de E permute en particulier (pour $n > 1$) avec les transvections de E (chap. I, § 2) et par suite laisse invariante toute droite de E. Prenant une base dans E, on en déduit aussitôt que u est une homothétie, ce qui prouve que le *centralisateur* de $GL_n(K)$ dans $\Gamma L_n(K)$ est le groupe H_n des homothéties; la proposition est triviale pour $n = 1$.

Pour $n \geq 2$, on appelle *groupe linéaire spécial* ou *groupe unimodulaire* (à n variables, sur le corps K), le sous-groupe $SL_n(K)$ de $GL_n(K)$ engendré par les transvections de $GL_n(K)$; il est immédiat que ce groupe est distingué. En outre, $SL_n(K)$ *est le groupe des commutateurs de* $GL_n(K)$ *sauf lorsque* $n = 2$ *et que le corps K est le corps* $\mathbf{F}_2$ *à deux éléments* (J. Dieudonné [1]). La démonstration se fait en plusieurs étapes:

a) Identifiant le groupe $GL_n(K)$ au groupe des matrices inversibles d'ordre n, on commence par mettre toute matrice A sous forme d'un produit de transvections et d'une dilatation, de la façon suivante. Désignant par I la matrice unité, par E_{ij} la matrice ayant tous ses éléments nuls, sauf celui dans la i-ème ligne et la j-ème colonne, égal à 1, soient $B_{ij}(\lambda) = I + \lambda E_{ij}$ $(i \neq j)$, et $D(\mu) = I + (\mu - 1)E_{nn}$; $B_{ij}(\lambda)$ est la matrice d'une transvection et $D(\mu)$ la matrice d'une dilatation. On observera que la matrice $B_{ij}(\lambda) A$ se déduit de A en ajoutant à la i-ème ligne la j-ème ligne multipliée à gauche par λ; si $P_{ij} = B_{ij}(1) B_{ji}(-1) B_{ij}(1)$, $P_{ij} A$ s'obtient en remplaçant dans A la i-ème ligne par la j-ème et la j-ème par la i-ème changée de signe. A l'aide de ces remarques, il est alors facile de mettre toute matrice A inversible sous la forme $A = B \cdot D(\mu)$, où B est une matrice de $SL_n(K)$ produit d'un certain nombre de matrices $B_{ij}(\lambda)$ (la décomposition n'étant naturellement pas unique; cf. L. E. Dickson [1]). Remarquons en passant que, si K est commutatif, le nombre minimum de termes nécessaires dans une décomposition d'une transformation arbitraire de $SL_n(K)$ en produit de transvections est n si la transformation n'est pas une homothétie, $n + 1$ dans le cas contraire (J. Dieudonné [19]).

b) On montre ensuite que le groupe $SL_n(K)$ contient en tous cas le groupe des commutateurs de $GL_n(K)$, autrement dit que GL_n/SL_n est *abélien*. Comme il est aisé de voir que $D(\mu) \cdot B$ est de la forme $B' \cdot D(\mu)$ pour toute matrice B produit d'un certain nombre de $B_{ij}(\lambda)$ (avec $B' \in SL_n$), il résulte de a) que tout revient à prouver que $D(\lambda \mu \lambda^{-1} \mu^{-1}) \in SL_n(K)$. Or, on a $D(\lambda \mu \lambda^{-1} \mu^{-1}) = D(\lambda)(D(\mu \lambda \mu^{-1}))^{-1}$; il suffit donc de démontrer que deux dilatations de même classe (chap. I, § 2) sont *conjuguées dans* $SL_n(K)$. Cela résulte aisément des deux remarques suivantes:

1° étant donnés deux vecteurs a, b distincts de 0 dans E, il existe toujours une transvection, ou un produit de deux transvections, qui transforme a en b;

2° étant donnés deux hyperplans H_1, H_2 et un vecteur a non contenu dans H_1 ni dans H_2, il existe toujours une transvection laissant invariant a et transformant H_1 en H_2.

c) Deux transvections quelconques sont toujours conjuguées dans $GL_n(K)$; tout homomorphisme θ de $GL_n(K)$ sur un groupe abélien transforme donc toutes les transvections en le même élément σ. Mais comme $B_{12}(\lambda) B_{12}(\mu) = B_{12}(\lambda + \mu)$, on a $\sigma^2 = \sigma$, donc σ est l'identité, pourvu qu'il existe dans K deux éléments non nuls λ, μ tels que $\lambda + \mu \neq 0$: ceci est toujours le cas sauf lorsque $K = \mathbf{F}_2$. Si $K = \mathbf{F}_2$ et $n > 2$, toutes les transvections ayant même hyperplan H forment (avec l'identité) un groupe $T(H)$ isomorphe à K^{n-1} (chap. I, § 2) donc ayant plus de 2 éléments, et on en conclut encore, en considérant l'image par θ du produit de deux transvections de $T(H)$ distinctes de l'identité, que $\sigma^2 = \sigma$. Le cas où $n = 2$ et $K = \mathbf{F_2}$ est exceptionnel; on a alors $GL_2(\mathbf{F_2})$ $= SL_2(\mathbf{F_2})$ (car il n'y a pas de dilatation distincte de l'identité) et ce groupe, isomorphe au groupe symétrique $\mathfrak{S}_3$, est résoluble, donc distinct de son groupe des commutateurs.

Si K est commutatif et a au moins 4 éléments, toute transformation $u \in SL_n(K)$ est un *commutateur* $vwv^{-1}w^{-1}$ de deux éléments de ce groupe, sauf peut-être lorsque u est une homothétie et que K est de caractéristique 0 (R. C. Thompson [1], [2], [3]).

Désignons par C le groupe des commutateurs du groupe multiplicatif K^*; alors, pour tout $n \geqq 2$, *le groupe quotient $GL_n(K)/SL_n(K)$ est isomorphe au groupe abélien K^*/C* (J. Dieudonné [1]). Le théorème est immédiat lorsque K est commutatif, en utilisant la représentation de $GL_n(K)$ sur K^* fournie par l'existence du déterminant. On procède de même dans le cas général en définissant, pour toute matrice inversible A d'ordre n, un élément $\det(A)$ *du groupe K^*/C*, appelé encore *déterminant de A*, et tel que l'application $X \to \det(X)$ soit une représentation de $GL_n(K)$ *sur K^*/C*, de noyau $SL_n(K)$; le théorème énoncé plus haut en résulte. Pour définir $\det(A)$, on procède par récurrence sur n. Soit φ l'application canonique de K^* sur K^*/C; si $A = (a_{ij})$ et si $a_{i1} \neq 0$, on désigne par A' la matrice obtenue en retranchant des lignes d'indices $j \neq i$ de A des multiples convenables de la ligne d'indice i, de sorte que tous les termes de la première colonne de A', à l'exception de a_{i1}, soient *nuls*; si A'_{i1} est la matrice obtenue en supprimant dans A' la première colonne et la i-ème ligne, on pose alors $\det(A) = \varphi((-1)^{i+1} a_{i1}) \det(A'_{i1})$. On prouve par récurrence sur n que cette définition est indépendante de l'indice i choisi (tel que $a_{i1} \neq 0$), que la valeur de $\det(A)$ ne change pas lorsqu'on remplace A par $B_{ij}(\lambda) A$, et enfin que $\det(A)$ est multiplié par $\varphi(\mu)$ lorsqu'on remplace A par la matrice obtenue en multipliant à gauche une ligne de A par μ (cf. Artin [3] pour plus de détails). Si $A = BD(\mu)$, avec B produit de matrices $B_{ij}(\lambda)$, il résulte des propriétés précédentes que $\det(A) = \varphi(\mu)$; le fait que $X \to \det(X)$ est une représentation sur K^*/C, de noyau $SL_n(K)$, est alors immédiat.

Il résulte aussitôt de ce qui précède que, si V et W sont deux sous-espaces vectoriels de même dimension dans E, il existe une transformation $u \in SL_n$ telle que $u(V) = W$.

§ 2. Structure du groupe $SL_n(K)$

La démonstration donnée au début du § 1 montre que le centralisateur de $SL_n(K)$ dans $\Gamma L_n(K)$ est encore le groupe H_n des homothéties. Le *centre* de $SL_n(K)$ est donc le groupe $SL_n(K) \cap Z_n$, formé des homothéties centrales $x \to x\gamma$ dont le déterminant (au sens du § 1) est l'élément unité de K^*/C, ou en d'autres termes, qui sont telles que γ^n

appartienne au groupe des commutateurs C de K^*. Le quotient de $SL_n(K)$ par son centre est donc isomorphe à l'image canonique $PSL_n(K)$ de $SL_n(K)$ dans le groupe projectif général $PGL_n(K)$; on dit que $PSL_n(K)$ est le *groupe projectif spécial* ou le *groupe projectif unimodulaire* (à n variables, sur le corps K).

La structure de $PSL_n(K)$ est élucidée par le théorème suivant: *Pour $n \geq 2$, le groupe $PSL_n(K)$ est simple sauf lorsque $n = 2$ et que $K = \mathbf{F}_2$ ou $K = \mathbf{F}_3$* (L. E. DICKSON [1], K. IWASAWA [1], M. ABE [1], J. DIEU-DONNÉ [1], L. K. HUA [8]).

La méthode de démonstration qui suit est due à K. IWASAWA [1], et repose sur les lemmes suivants de théorie des groupes, où Γ désigne un groupe de permutations d'un ensemble E:

1) *Si Γ est au moins 2 fois transitif, il est primitif.*

2) *Tout sous-groupe distingué d'un groupe primitif de permutations de E est transitif.*

3) *Si N est un sous-groupe transitif de Γ, alors, pour tout $x \in E$, on a $\Gamma = N \cdot S_x$, où S_x est le stabilisateur de x.*

Ces lemmes sont classiques.

4) *Supposons que Γ soit primitif et vérifie les conditions suivantes:*

a) *Γ est égal à son groupe de commutateurs.*

b) *Pour tout $x \in E$, le stabilisateur S_x de x contient un sous-groupe abélien H_x, distingué dans S_x, et dont les conjugués sH_xs^{-1} ($s \in \Gamma$) engendrent Γ.*

Alors le groupe Γ est simple.

Soit en effet N un sous-groupe distingué de Γ distinct de l'élément neutre. Tout $s \in \Gamma$ peut s'écrire $\prod\limits_{i=1}^{n} s_i h_i s_i^{-1}$, avec $h_i \in H_x$, et, par 2) et 3), tout $s_i = t_i u_i$ avec $t_i \in N$ et $u_i \in S_x$. Comme H_x est distingué dans S_x, on en déduit que s est de la forme $t'h'$ où $t' \in N$ et $h' \in H_x$, autrement dit $\Gamma = N \cdot H_x$. Comme N est distingué et H_x abélien, on en conclut aisément que tout commutateur dans Γ appartient à N, d'où $N = \Gamma$ par hypothèse, ce qui établit le lemme.

Pour appliquer ces lemmes, on remarque que $PSL_n(K)$ est *au moins 2 fois transitif* (et en fait, exactement 2 fois transitif si $n > 2$) dans l'espace projectif $P_{n-1}(K)$ pour $n \geq 2$, deux couples de droites distinctes dans K^n pouvant toujours être transformés l'un dans l'autre par une transformation de $SL_n(K)$; donc, par 1), $PSL_n(K)$ est *primitif*, et il reste à vérifier les conditions a) et b) de 4). Occupons-nous d'abord de b); soit $z \in P_{n-1}(K)$, et soit $a \in K^n$ un vecteur d'image canonique z. On prend pour H_z l'image canonique du sous-groupe des transvections $x \to x + a\varrho(x)$ de vecteur fixe égal à a. Comme pour tout $t \in PSL_n(K)$, on a $tH_zt^{-1} = H_{t(z)}$, H_z satisfait bien aux conditions de b), $SL_n(K)$ étant par définition engendré par les transvections et $PSL_n(K)$ étant transitif. Reste donc à prouver que $SL_n(K)$, dans les cas considérés, est *égal à son groupe des commutateurs*. Avec les notations du § 1, il suffit de prouver que *toute transvection est un commutateur* dans $SL_n(K)$. D'ailleurs, deux transvections quelconques étant conjuguées *dans* $GL_n(K)$, et $SL_n(K)$ étant distingué dans $GL_n(K)$, il suffit en fait de prouver qu'*une* transvection particulière t est un commutateur. Si $n \geq 3$, on prend t ayant pour hyperplan $H = \sum\limits_{i \neq 3} e_i K$, pour vecteur $a = e_1 - e_2$, et telle que $t(e_3) = e_3 + a$ ((e_i) base de K^n). Soit alors t_1 la transvection d'hyperplan H, de vecteur e_1, telle que $t_1(e_3) = e_3 + e_1$, et soit s la transformation de $SL_n(K)$ telle que $s(e_1) = e_2$, $s(e_2) = -e_1, s(e_i) = e_i$ pour $i \geq 3$; on voit alors aussitôt que $t = t_1 s t_1^{-1} s^{-1}$. Si $n = 2$, il suffit de considérer une matrice $B_{12}(\lambda)$ pour un $\lambda \neq 0$. Or, si $A = \begin{pmatrix} \mu & 0 \\ 0 & \mu^{-1} \end{pmatrix}$, on a $A B_{12}(1) A^{-1} B_{12}(-1) = B_{12}(\mu^2 - 1)$, et $\mathbf{F}_2$ et $\mathbf{F}_3$ sont les seuls corps tels que $\mu^2 = 1$ pour tout $\mu \in K^*$.

Reste à examiner les cas exceptionnels $\mathbf{F}_2$ et $\mathbf{F}_3$. En général le groupe $GL_n(\mathbf{F}_q)$ a un ordre égal à

$$(q^n - 1)(q^n - q) \cdots (q^n - q^{n-1}) \; ;$$

il suffit de remarquer que ce nombre est égal au nombre de toutes les bases de l'espace vectoriel $\mathbf{F}_q^n$. Le groupe GL_n/SL_n, isomorphe à $\mathbf{F}_q^*$, a $q - 1$ éléments, donc l'ordre de $SL_n(\mathbf{F}_q)$ est

$$(q^n - 1)(q^n - q) \cdots (q^n - q^{n-2})\, q^{n-1} \, .$$

Le centre de $SL_n(\mathbf{F}_q)$, isomorphe au sous-groupe de $\mathbf{F}_q^*$ formé des racines n-èmes de l'unité, est un groupe cyclique d'ordre d, plus grand commun diviseur de $q - 1$ et de n; l'ordre de $PSL_n(\mathbf{F}_q)$ est par suite

$$(q^n - 1)(q^n - q) \cdots (q^n - q^{n-2})\, q^{n-1}/d \, .$$

En particulier, $PSL_2(\mathbf{F}_2)$ est un groupe d'ordre 6 et $PSL_2(\mathbf{F}_3)$ un groupe d'ordre 12, tous deux résolubles (cf. chap. IV, § 8). A ces deux exceptions près, les groupes $PSL_n(\mathbf{F}_q)$ forment une suite (dépendant de deux paramètres n, q, où q est puissance d'un nombre premier) de *groupes finis simples* (cf. L. E. DICKSON [1], p. 309—310).

On notera enfin que les raisonnements faits dans ce paragraphe prouvent aussi que tout sous-groupe distingué de $GL_n(K)$, non contenu dans le centre Z_n, *contient* le groupe unimodulaire $SL_n(K)$ sauf lorsque $PSL_n(K)$ n'est pas simple. On notera aussi que pour $n \geq 3$, deux transvections quelconques sont conjuguées *dans* $SL_n(K)$: elles sont en effet conjuguées dans $GL_n(K)$, et il est immédiat que pour toute transvection u, il existe des transformations de GL_n qui permutent avec u et ont un déterminant *arbitraire* (cf. chap. I, § 2). Par contre, pour $n = 2$, deux transvections quelconques ne sont pas en général conjuguées *dans* $SL_2(K)$; on peut montrer que les classes de transvections conjuguées dans $SL_2(K)$ correspondent biunivoquement aux éléments du groupe K^*/K^{*2}, où K^{*2} désigne le groupe multiplicatif engendré par les *carrés* des éléments de K^*.

§ 3. Générateurs et centre du groupe unitaire.

Dans ce qui suit, lorsqu'il est question de groupes unitaires $U_n(K, f)$, les groupes symplectiques et orthogonaux (ces derniers sur un corps K de caractéristique $\neq 2$) sont compris comme cas particuliers, sauf mention expresse du contraire. On suppose toujours que $n \geqq 2$, et que la forme f est tracique lorsque K est de caractéristique 2.

Si le groupe unitaire $U_n(K, f)$ n'est pas un groupe symplectique (autrement dit, si f n'est pas une forme alternée), il est *engendré par les quasi-symétries* (chap. I, § 12), *à l'exception du groupe* $U_2(\mathbf{F}_4)$ (J. DIEUDONNÉ [16]); l'idée de la démonstration consiste à procéder par récurrence sur n; pour $u \in U_n$ et x vecteur non isotrope de E, l'un au moins des deux vecteurs $u(x) - x$, $u(x) + x$ (lorsque K n'est pas de caractéristique 2) est non isotrope, et il y a une quasi-symétrie d'hyperplan orthogonal à ce vecteur et transformant x en $u(x)$ ou en $-u(x)$; dans le second cas, une seconde quasi-symétrie transforme $-u(x)$ en $u(x)$; il y a donc toujours un produit s de quasi-symétries tel que $s^{-1}u$ laisse invariant x, et peut donc être considéré comme transformation unitaire dans l'hyperplan orthogonal à x, d'où la conclusion. L'étude du cas où K est de caractéristique 2 est plus délicate. On peut d'ailleurs montrer que toute transformation d'un groupe orthogonal $O_n(K, f)$ est produit de n symétries au plus (E. CARTAN [2], J. DIEUDONNÉ [4], P. SCHERK [1]); toute transformation d'un groupe unitaire quelconque $U_n(K)$ est produit de $n + 1$ quasi-symétries au plus (J. DIEUDONNÉ [19]), le groupe $U_2(\mathbf{F}_4)$ étant bien entendu excepté, et le maximum $n + 1$ pouvant être atteint.

L'antiautomorphisme J de K laisse évidemment invariant (globalement) le groupe des commutateurs C de K^*, et donne donc, par passage au quotient, un automorphisme involutif (que nous noterons encore J) du groupe quotient K^*/C. Du résultat précédent, on conclut aisément que pour un groupe unitaire non orthogonal, le déterminant (§ 1) de toute transformation du groupe est de la forme $\gamma^J\gamma^{-1}$ avec $\gamma \in K^*/C$. Pour les groupes orthogonaux, on voit de même que le déterminant de toute transformation orthogonale est ± 1 (cf. § 13).

Toute transformation du centralisateur dans $\Gamma L_n(K)$ d'un groupe unitaire $U_n(K, f)$ permute avec toute quasi-symétrie, et laisse donc invariant tout hyperplan non isotrope; elle permute aussi avec toute transvection unitaire (lorsque de telles transvections existent) et laisse donc invariante toute droite isotrope. Cela démontre déjà que le centralisateur de $U_n(K, f)$ est le groupe des homothéties H_n, lorsque U_n

n'est pas un groupe orthogonal; le centre de U_n est donc $U_n \cap Z_n$, groupe des homothéties centrales $x \to x\,\gamma$ telles que $\gamma^J\gamma = 1$.

Pour un groupe orthogonal $O_n(K, f)$, le centralisateur est encore H_n pour $n \geq 3$; cela résulte de ce qui précède, et du lemme suivant:

1) *Pour $n \geq 3$, toute droite isotrope dans E est intersection de deux plans non isotropes.*

En effet, si x est un vecteur isotrope, y un vecteur orthogonal à x et non colinéaire à x, z un vecteur non isotrope et non orthogonal à x, le plan défini par x et z, et le plan défini par x et $y + z$, répondent à la question.

Reste le cas des groupes $O_2(K, f)$; soit (e_1, e_2) une base orthogonale de E. Si K (de caractéristique $\neq 2$) a plus de 3 éléments, il existe $\alpha \in K^*$ tel que $e_1 + e_2\alpha$ ne soit pas isotrope; un élément u du centralisateur de O_2 dans ΓL_2 doit laisser invariante la droite portant le vecteur $e_1 + e_2\alpha$, ainsi que les axes de coordonnées, ce qui donne les conditions $u(e_1) = e_1\,\gamma_1$, $u(e_2) = e_2\,\gamma_2$, et $\alpha^\sigma = \alpha\mu$, où $\mu = \gamma_1\,\gamma_2^{-1}$ (σ étant l'automorphisme de K correspondant à u). Remarquons maintenant qu'il y a au plus deux valeurs de $\alpha \in K^*$ telles que $e_1 + e_2\alpha$ soit isotrope. Si K^* a au moins 6 éléments, il existe donc deux éléments α, β de K^* tels que $e_1 + e_2\alpha$, $e_1 + e_2\beta$ et $e_1 + e_2\alpha\beta$ soient non isotropes; écrivant que $\alpha^\sigma = \alpha\mu$, $\beta^\sigma = \beta\mu$ et $(\alpha\beta)^\sigma = (\alpha\beta)\mu$, on a $\mu^2 = \mu$, d'où $\mu = 1$ et $\alpha^\sigma = \alpha$ sauf peut-être pour 2 éléments de K^*; mais le sous-groupe des éléments de K^* invariants par σ est d'indice au moins 2 si σ n'est pas l'identité, donc si K a au moins 7 éléments, σ est l'identité et u une homothétie. Le même résultat est encore valable pour $K = \mathbf{F}_5$, car il n'y a aucun automorphisme non identique de ce corps. Pour $K = \mathbf{F}_3$, il y a deux cas à distinguer, suivant que $f(e_1, e_1) = f(e_2, e_2)$ ou $f(e_1, e_1) = -f(e_2, e_2)$; dans le premier cas, l'indice $\nu = 0$, il n'y a pas de vecteur isotrope, donc u doit être une homothétie. Au contraire, dans le second cas, $\nu = 1$, les axes de coordonnées sont les seules droites non isotropes de E, et $O_2(\mathbf{F}_3, f)$ est un groupe abélien d'ordre 4 (produit de 2 groupes cycliques d'ordre 2), qui est son propre centralisateur dans $\Gamma L_2(\mathbf{F}_3) = GL_2(\mathbf{F}_3)$.

Lorsque $\nu \geq 1$, nous dirons qu'un plan non isotrope contenant au moins un vecteur isotrope est un *plan hyperbolique*; il existe alors toujours deux vecteurs isotropes a, b, formant une base de ce plan et tels que $f(a, b) = 1$. Lorsque U_n est un groupe orthogonal, il n'y a que *deux* droites isotropes dans un tel plan; au contraire il y en a toujours au moins *trois* dans les autres cas. Nous dirons qu'une transformation $u \in U_n$ est *hyperbolique* si elle laisse invariants les vecteurs d'un sous-espace de dimension $n - 2$ orthogonal à un plan hyperbolique.

2) *Si $\nu \geq 1$, toute transformation de $U_n(K, f)$ est produit de transformations hyperboliques.* C'est évident si $n = 2$. Dans le cas contraire, il

suffit (si f n'est pas alternèe) de remarquer que toute quasi-symétrie s par rapport à un hyperplan (non isotrope) H est une transformation hyperbolique: en effet, si $a \neq 0$ est un vecteur orthogonal à H, il existe un vecteur isotrope b non orthogonal à a (chap. I, § 11,2)); le plan P déterminé par a et b est hyperbolique et s laisse invariants les vecteurs de P^0; s est donc une transformation hyperbolique. Pour le groupe symplectique $Sp_n(K)$, la proposition résulte de ce que ce groupe est engendré par les transvections symplectiques (cf. § 5).

3) *Pour $v \geqq 1$ et $n \geqq 3$, toute droite non isotrope est intersection de deux plans hyperboliques, sauf lorsque $U_n(K, f)$ est le groupe orthogonal $O_3(\mathbf{F}_3, f)$.* En effet, si x est un vecteur non isotrope, il existe un vecteur isotrope y non orthogonal à x (chap. I, § 11,2)); soit z un vecteur orthogonal à x et non orthogonal à y ni situé dans le plan P passant par x et y; le plan Q contenant y et z est alors hyperbolique. Si U_n n'est pas un groupe orthogonal, Q contient au moins un vecteur isotrope y' non colinéaire à y ni z, donc non orthogonal à x, et tel que le plan P' contenant x et y' soit distinct de P; la droite passant par x est alors intersection de P et P'. Si U_n est un groupe orthogonal mais qu'on ne soit pas dans le cas d'exception indiqué, on peut toujours choisir z non isotrope, et on conclut de la même manière.

§ 4. Structure du groupe $U_n(K, f)$

(f forme tracique d'indice $\geqq 1$, groupes orthogonaux exclus.)

I. Le groupe $T_n(K, f)$

Dans l'étude de la structure des groupes unitaires, il est essentiel de distinguer deux cas, suivant que $v \geqq 1$ ou $v = 0$ (cf. § 12). *Dans ce paragraphe et le suivant, nous supposons toujours $v \geqq 1$.* Les groupes orthogonaux étant exclus, il existe donc dans $U_n(K, f)$ des transvections unitaires. Nous supposerons la forme f *antihermitienne*, ce qui ne restreint pas la généralité (chap. I, § 6); une transvection unitaire est alors de la forme $x \rightarrow x + a\lambda f(a, x)$, où a est isotrope et λ est symétrique (chap. I, § 12). Nous désignerons par $T_n(K, f)$ le sous-groupe distingué de $U_n(K, f)$ *engendré par les transvections unitaires.* Pour l'étude de la structure de T_n, on utilise les lemmes suivants:

1) *Si le corps K n'est pas commutatif et $J \neq 1$, K est engendré par l'ensemble S des éléments symétriques, sauf lorsque K est un corps de quaternions généralisés de caractérique $\neq 2$, et que S est identique au centre Z de K* (J. DIEUDONNÉ [13]). Lorsque K est commutatif et $J \neq 1$, S est évidemment un sous-corps de K tel que K soit une extension quadratique séparable de S.

2) *Si a et b sont deux vecteurs isotropes non colinéaires, il existe une transformation $u \in T_n$ telle que $u(a)$ et b soient colinéaires. Si $f(a, b) \neq 0$, $\mu = (f(a, b))^{-1}$ est tel que $c = b\mu$ soit isotrope, et la transvection*

$x \to x + cf(c, x)$ répond à la question. Si $f(a, b) = 0$ le plan défini par a et b est totalement isotrope, donc $n \geqq 3$, et il existe un vecteur z tel que $f(a, z) \neq 0$ et $f(b, z) \neq 0$; le plan défini par a et z est hyperbolique et contient un vecteur isotrope a_1 non colinéaire à a, et par suite non orthogonal à b. Comme $f(a, a_1) \neq 0$ et $f(a_1, b) \neq 0$, on est ramené au premier cas.

Pour $n = 2$, E est un plan hyperbolique; nous prendrons comme base dans ce plan deux vecteurs isotropes e_1, e_2 tels que $f(e_1, e_2) = 1$. Avec une telle base (et les notations du § 1):

3) *Le groupe $T_2(K, f)$ est engendré par les transvections unitaires $B_{12}(\lambda)$ et $B_{21}(\mu)$* (où λ et μ parcourent l'ensemble des éléments *symétriques* de K). Il suffit de remarquer que la condition pour que $x = e_1 \alpha + e_2 \beta$ soit isotrope s'écrit $\alpha^J \beta - \beta^J \alpha = 0$ et exprime donc que $\alpha \beta^{-1}$ est symétrique si $\beta \neq 0$; la transvection $B_{12}(-\alpha \beta^{-1})$ transforme alors x en un vecteur colinéaire à e_2, et par suite toute transvection de vecteur x est transformée par $B_{12}(-\alpha \beta^{-1})$ en une transvection de la forme $B_{21}(\lambda)$, d'où le lemme.

Ces lemmes permettent d'abord de voir que *le centre de T_n est l'intersection $W_n = T_n \cap Z_n$ de T_n avec le centre de $GL_n(K)$*. Une transformation de T_n permutant avec toute transvection de T_n laisse en effet invariante toute droite isotrope, donc tout plan hyperbolique, et par suite aussi toute droite si $n \geqq 3$, en raison du lemme 3 du § 3. Pour $n = 2$, une transformation du centre de T_n doit permuter avec les transvections $B_{12}(\lambda)$ et $B_{21}(\mu)$, ce qui signifie que sa matrice est de la forme $\begin{pmatrix} \alpha & 0 \\ 0 & (\alpha^{-1})^J \end{pmatrix}$ avec $\alpha \lambda = \lambda(\alpha^{-1})^J$ pour tout élément symétrique λ de K. Le lemme 1 montre alors que α est dans le centre de K, sauf peut-être lorsque K est réflexif, de caractéristique $\neq 2$ et que l'ensemble S est identique au centre Z de K. Mais dans ce cas, les matrices $B_{12}(\lambda)$ et $B_{21}(\mu)$ ont leurs éléments *dans Z*, et il en est de même de toutes les matrices de T_2, en vertu du lemme 3; en particulier, on doit avoir $\alpha \in Z$, ce qui démontre encore le théorème dans ce cas.

La structure de T_n/W_n est élucidée par les théorèmes suivants (J. DIEUDONNÉ [13]; voir aussi L. K. HUA [10]).

A) *Si T_2/W_2 est simple, $T_n(K, f)/W_n$ est simple pour $n \geqq 3$* (pour toute forme tracique f d'indice $\geqq 1$). On notera que les transvections unitaires ne sont pas en général deux à deux conjuguées *dans T_n*; toutefois il résulte du lemme 2 que si un sous-groupe distingué G de T_n contient *toutes* les transvections correspondant à un même vecteur a, il contient toutes les transvections et est donc égal à T_n. On est donc ramené à démontrer cette propriété pour un sous-groupe distingué quelconque G de T_n non contenu dans W_n. Soit $u \in G$, n'appartenant pas à W_n; il y a un vecteur isotrope $x \in E$ tel que x et $u(x)$ ne soient pas colinéaires (sans quoi u serait une homothétie, en raison du lemme 3 du § 3). Supposons d'abord que $f(x, u(x)) = 0$; il y a alors un vecteur z

orthogonal à $u(x)$, mais non à x, et le plan P contenant x et z est hyperbolique et contient un vecteur isotrope y non colinéaire à x. Le lemme 2 montre qu'il y a une transvection v transformant x en $y\lambda$, et dont le vecteur est dans P; donc $v(u(x)) = u(x)$, $u_1 = vu^{-1}v^{-1}u$ appartient à G et $u_1(x) = y$. On peut donc toujours se ramener au cas où $f(x, u(x)) \neq 0$. Si alors w est une transvection de vecteur x, uwu^{-1} est une transvection de vecteur $u(x)$, ne permutant donc pas avec w (§ 1). Si Q est le plan hyperbolique déterminé par x et $u(x)$, $u_2 = w^{-1}uwu^{-1}$ appartient à G et laisse invariant tout vecteur du sous-espace Q^0 orthogonal au plan Q; on peut donc considérer u_2 comme appartenant au groupe $U_2(K, f_1)$, où f_1 est la restriction de f à Q; d'autre part, u_2 est produit de deux transvections, donc appartient à $T_2(K, f_1)$ et n'est pas dans le centre de ce groupe, puisqu'elle ne permute pas avec w. L'hypothèse montre que G contient alors toute transformation de $T_2(K, f_1)$, en particulier toute transvection de vecteur x, ce qui démontre le théorème.

B) *Si le corps K a plus de 25 éléments, le groupe $T_2(K, f)/W_2$ est simple* (pour toute forme tracique f d'indice $\geqq 1$). La démonstration suit une marche analogue à la démonstration de la simplicité de $PSL_2(K)$ donnée au § 2: on considère cette fois l'ensemble C des *droites isotropes*, et T_2/W_2 comme groupe de permutations de C. Le lemme 2 montre que ce groupe est transitif, et pour voir qu'il est 2 fois transitif, on est aussitôt ramené à vérifier que les transvections $B_{12}(\lambda)$ (pour λ symétrique) transforment la droite isotrope $e_2 K$ en une droite isotrope arbitraire distincte de $e_1 K$, ce qui est immédiat. La vérification de la condition $b)$ du lemme 4 du § 2 se fait comme pour le groupe $SL_n(K)$, vu la définition de $T_n(K, f)$; il reste donc à prouver que (sauf dans les cas d'exception considérés), T_2/W_2 est égal à son groupe des commutateurs. Or, l'hypothèse sur K entraîne, en vertu du lemme 1, que S contient au moins un élément distinct de 0 et de ± 1, et un calcul élémentaire de matrices (WAN [1]) prouve que toute matrice $B_{12}(\lambda)$, où $\lambda \in S$, appartient au groupe des commutateurs de T_2, ce qui achève la démonstration.

C) Supposons K *commutatif*. Si $J = 1$, tout élément de K est symétrique; en vertu du lemme 4, $T_2(K, f)$ est engendré par les matrices $B_{12}(\lambda)$ et $B_{21}(\mu)$, où $\lambda \in K$ et $\mu \in K$, donc est le *groupe unimodulaire* $SL_2(K)$. Si $J \neq 1$, l'ensemble des éléments symétriques est un sous-corps K_0 de K, tel que K soit une extension quadratique séparable de K_0; le même raisonnement montre que $T_2(K, f)$ est le *groupe unimodulaire* $SL_2(K_0)$. De ces remarques et des résultats du § 2, on déduit que, lorsque K a au plus 25 éléments, le groupe T_2/W_2 est simple sauf dans les cas suivants:

a) $J = 1$, $K = \mathbf{F}_2$ et $K = \mathbf{F}_3$.

b) $J \neq 1$, $K = \mathbf{F}_4$ et $K = \mathbf{F}_9$.

D'après A), on en conclut que, *sauf dans ces quatre cas, le groupe T_n/W_n est simple pour $n \geqq 2$*. Dans les cas exceptionnels, le raisonnement de A) montre que si T_h/W_h est simple pour un $h > 2$, alors il en est de même de T_n/W_n pour $n \geqq h$. Si on applique à T_h/W_h la méthode de B), le groupe n'est plus 2 fois transitif dès que $h \geqq 4$ (car le corps K est fini, donc on a $\nu \geqq 2$ (chap. I, § 8)); toutefois, par la même méthode que dans le § 9, lemmes 7, 8 et 9, on voit qu'il est encore *primitif*, et tout revient à voir si T_h/W_h est égal à son groupe des commutateurs Γ.

a) $J = 1$ (groupes symplectiques). Notons alors que $T_n(K, f) = Sp_n(K, f)$ (§ 5). Si $K = \mathbf{F}_3$, on peut prendre $h = 4$. En effet, la transformation spéciale u (chap. I, § 12) correspondant à la matrice $S = \begin{pmatrix} 1 & 0 \\ 0 & 1 \end{pmatrix}$, est produit de deux transvections conjuguées, donc un commutateur. Il en est de même de la transformation spéciale correspondant à $S' = \begin{pmatrix} -1 & 1 \\ 1 & 1 \end{pmatrix}$, cette matrice étant équivalente à S (chap. I, § 12). Le groupe des commutateurs Γ contient donc la transformation spéciale correspondant à $S - S' = \begin{pmatrix} -1 & -1 \\ -1 & 0 \end{pmatrix}$, et comme cette matrice est équivalente à $S'' = \begin{pmatrix} 0 & -1 \\ -1 & -1 \end{pmatrix}$, Γ contient aussi la transformation spéciale correspondant à $S' + S''$, qui est une transvection t; il contient alors t^2, et toute transvection est conjuguée à t ou t^2, donc on a bien $\Gamma = T_4$.

Si $K = \mathbf{F}_2$, le groupe T_4/W_4 a un sous-groupe simple d'indice 2 (cf. chap. IV, § 8); on peut alors prendre $h = 6$. En effet, la transformation spéciale u correspondant à la matrice $S = \begin{pmatrix} 1 & 0 & 0 \\ 0 & 1 & 0 \\ 0 & 0 & 0 \end{pmatrix}$ est encore produit de deux transvections conjuguées, donc dans Γ. Or, S est équivalente aux deux matrices symétriques

$$S_1 = \begin{pmatrix} 1 & 1 & 0 \\ 1 & 0 & 0 \\ 0 & 0 & 0 \end{pmatrix} \quad \text{et} \quad S_2 = \begin{pmatrix} 1 & 0 & 1 \\ 0 & 0 & 0 \\ 1 & 0 & 0 \end{pmatrix}$$

donc Γ contient aussi la transformation spéciale correspondant à

$$S' = S_1 + S_2 = \begin{pmatrix} 0 & 1 & 1 \\ 1 & 0 & 0 \\ 1 & 0 & 0 \end{pmatrix}.$$

Mais cette dernière est équivalente à la matrice $S'' = \begin{pmatrix} 0 & 1 & 0 \\ 1 & 0 & 0 \\ 0 & 0 & 0 \end{pmatrix}$, donc Γ contient la transformation spéciale correspondant à $S + S''$, qui est une transvection.

b) $J \neq 1$ (groupes unitaires). Sauf pour $K = \mathbf{F}_4$ et $n = 3$, on a alors $T_n(K, f) = U_n^+(K, f)$ (§ 5). Si $K = \mathbf{F}_9$, on peut prendre $h = 3$. En effet, si t est une transvection unitaire, on a alors $t^3 = 1$; il suffit de prouver qu'il existe $s \in U_3^+$ tel que $sts^{-1} = t^{-1}$, car alors $sts^{-1}t^{-1} = t^{-2} = t$ sera un commutateur et on aura bien montré que $T_3 = \Gamma$. Soit (e_1, e_2, e_3) une base de E formée de deux vecteurs isotropes e_1, e_2 non orthogonaux et d'un vecteur e_3 orthogonal au plan hyperbolique $P = e_1 K + e_2 K$; on peut supposer que t est une transvection de vecteur e_1, dont la matrice est donc $\begin{pmatrix} B_{12}(\lambda) & 0 \\ 0 & 1 \end{pmatrix}$. Or, il existe $\alpha \in K$ tel que $\alpha \alpha^J = -1$; l'automorphisme s de E dont la matrice est $\begin{pmatrix} \alpha & 0 & 0 \\ 0 & \alpha^J & 0 \\ 0 & 0 & -1 \end{pmatrix}$ est de déterminant 1 et répond à la question.

Enfin, pour $K = \mathbf{F}_4$, le groupe $T_3(\mathbf{F}_4)$ a une suite de composition $T_3 \supset T_3' \supset W_3 \supset \{1\}$, où T_3/T_3' est isomorphe au groupe symétrique $\mathfrak{S}_3$ et T_3'/W_3 est cyclique d'ordre 3. Mais dans ce cas on peut prendre $h = 4$. En effet, la transformation spéciale u correspondant à la matrice hermitienne $S = \begin{pmatrix} 1 & 0 \\ 0 & 1 \end{pmatrix}$ est encore produit de deux transvections conjuguées, donc $u \in \Gamma$. Mais toutes les matrices hermitiennes de rang 2 sont alors équivalentes (chap. I, § 8), donc Γ contient aussi les transformations spéciales correspondant aux matrices $S' = \begin{pmatrix} 0 & 1 \\ 1 & 0 \end{pmatrix}$ et $S'' = \begin{pmatrix} 1 & 1 \\ 1 & 0 \end{pmatrix}$; il contient donc celle qui correspond à $S + S' + S''$, qui est une transvection.

Les raisonnements précédents montrent en outre que tout sous-groupe distingué de $U_n(K, f)$, non contenu dans le centre, *contient* le groupe $T_n(K, f)$ sauf lorsque T_n/W_n n'est pas simple.

§ 5. Structure du groupe $U_n(K, f)$

(f forme tracique d'indice ≥ 1, groupes orthogonaux exclus.)

II. Le groupe $U_n(K, f)/T_n(K, f)$

La structure du groupe $U_n(K, f)/T_n(K, f)$ a été déterminée par G. E. Wall [1]. Désignons par Σ le sous-groupe de K^* engendré par les éléments symétriques $\neq 0$, et par Ω le sous-groupe de K^* engendré par les éléments $\lambda \in K^*$ ayant la propriété suivante: il existe un vecteur $x \in E$ orthogonal à un plan hyperbolique et tel que $f(x, x) = \lambda - \lambda^J$; Σ et Ω sont distingués dans K^*. Cela étant: *Pour $n \geq 2$, le groupe $U_n(K, f)/T_n(K, f)$ est isomorphe au groupe quotient $K^*/\Sigma[K^*, \Omega]$, sauf si $n = 3$ et $K = \mathbf{F}_4$* (on note $[K^*, \Omega]$ le sous-groupe de K^* engendré par les commutateurs $\lambda \omega \lambda^{-1} \omega^{-1}$, où $\lambda \in K^*$ et $\omega \in \Omega$).

La méthode de Wall repose sur les considérations préliminaires suivantes, applicables sous la *seule* hypothèse que f est une forme anti-hermitienne non dégénérée (non nécessairement tracique, et pouvant être anisotrope). Soit $a \neq 0$ un vecteur de E et désignons par Ω_a le sous-groupe de K^* engendré par les $\lambda \in K^*$ tels qu'il existe $x \in E$ *orthogonal à a* et pour lequel $f(x, x) = \lambda - \lambda^J$; soit Γ_a le sous-groupe $\Sigma[K^*, \Omega_a]$. On voit aisément que Ω_a et Γ_a sont des sous-groupes distingués de K^* tels que $\Sigma \subset \Gamma_a \subset \Omega_a$. On définit comme suit un homomorphisme N_a:

$U_n(K, f) \to K^*/\Gamma_a$ (*norme de Wall*). Pour tout $u \in U_n$, notons V_u le sous-espace de E image de l'endomorphisme $x \to x - u(x)$; si $\dim(V_u) = r$ il y a une décomposition $u = s_1 s_2 \ldots s_r$ de u dans U_n telle que les V_{s_i} soient de dimension 1 et que V_u soit *somme directe* des V_{s_i}. Chaque s_i est alors une quasi-symétrie ou une transvection et s'écrit sous la forme

$$s_i(x) = x - a_i \omega_i f(a_i, x)$$

avec $\omega_i^{-1} - \omega_i^{-J} = f(a_i, a_i)$, a_i étant choisi de sorte que $f(a, a_i)$ soit égal à 0 ou à 1. Alors l'image dans K^*/Γ_a de $\omega_1 \omega_2 \ldots \omega_r$ *ne dépend pas de la décomposition de u considérée*, et si on le désigne par $N_a(u)$, N_a est un homomorphisme.

Ces résultats étant acquis, pour démontrer le th. de Wall, on fixe un vecteur isotrope $e \in E$ et l'on désigne par N la norme de Wall N_e; si P_0 est un plan hyperbolique contenant e, on prouve d'abord le théorème dans le cas $P_0 = E$. Dans le cas général, on considère le sous-groupe U_n^0 de U_n formé des transformations hyperboliques correspondant au plan P_0; on prouve que la restriction de N à U_n^0 est *surjective* et l'on achève le raisonnement à l'aide du lemme suivant (qui utilise le cas particulier du théorème pour $n = 2$):

1) *Si P_1 et P_2 sont deux plans hyperboliques, il existe une transformation $w \in T_n$ telle que $w(P_1) = P_2$ (le cas où $n = 3$ et $K = \mathbf{F}_4$ étant exclus)*. Du th. de Wall, on déduit en particulier:

2) *Si $\nu \geq 2$, le groupe $T_n(K, f)$ est le groupe des commutateurs de $U_n(K, f)$.* En effet, il est immédiat que l'on a alors $\Omega = K^*$.

Z. Wan [1] a déterminé dans tous les cas le groupe des commutateurs de $U_2(K, f)$ pour $\nu \geq 1$.

Supposons maintenant que le corps K soit de rang *fini* m^2 sur son centre Z. On montre alors qu'il y a trois cas possibles pour l'involution J du corps K:

I. J laisse invariants tous les éléments de Z, et la dimension (sur Z) de l'espace S des éléments symétriques est $m(m + 1)/2$.

II. J laisse invariants tous les éléments de Z, et la dimension (sur Z) de l'espace S des éléments symétriques est $m(m - 1)/2$.

III. La restriction de J à Z n'est pas l'automorphisme identique, les éléments symétriques de Z formant un sous-corps Z_0 tel que Z soit extension quadratique séparable de Z_0; S est alors un espace vectoriel de dimension m^2 sur Z_0.

On dit que J est de *première espèce* dans les cas I et II, de *seconde espèce* dans le cas III (on est évidemment dans ce dernier cas si $J \neq 1$ et si K est commutatif); on notera que si J est du type I et si $\alpha^J = -\alpha$, l'involution $\xi \to \alpha \xi^J \alpha^{-1}$ est du type II.

Cela étant, *si l'involution J est de type* I, *on a* $U_n(K, f) = T_n(K, f)$ (J. Dieudonné [13], p. 379); ceci s'applique en particulier au cas des *groupes symplectiques* ($J = 1$), et on voit ainsi que le groupe projectif $PSp_n(K)$, quotient de $Sp_n(K)$ par son centre (réduit ici à un ou deux éléments, suivant que K est ou non de caractéristique 2) est *simple*, sauf pour $K = \mathbf{F}_3$, $n = 2$ et $K = \mathbf{F}_2$, $n = 2$ ou $n = 4$ (L. E. Dickson [1]). En outre, *toute transformation symplectique est un produit de transvections symplectiques*; on peut même montrer qu'une telle transformation est produit de $n + 1$ transvections symplectiques au plus, le maximum pouvant être atteint (J. Dieudonné [19]).

G. Wall [1] a déduit de son théorème le corollaire suivant:

3) *Si K est de rang fini sur son centre, si $n \geqq 3$ et si T_n/W_n est simple, alors T_n est le groupe des commutateurs de U_n.*

Par contre, pour $n = 2$, si K est un corps de quaternions généralisés et si J est de type II, T_2 n'est pas le groupe des commutateurs de U_2 (cf. chap. IV, § 8).

On désigne par $U_n^+(K, f)$ (sans hypothèse sur f, qui peut donc être d'indice 0) le sous-groupe distingué de $U_n(K, f)$ formé des transformations dont le déterminant (§ 1) est égal à 1, par $PU_n^+(K, f)$ l'image de $U_n(K, f)$ dans $PGL_n(K)$ par l'application canonique. Si K est de rang fini sur son centre et si l'involution J est de type I, on a vu ci dessus que $U_n^+ = U_n$; on peut démontrer qu'il en est de même lorsque J est de type II, car dans les deux cas l'automorphisme de K^*/C obtenu par passage au quotient à partir de J est l'identité; par contre on a toujours $U_n^+ \neq U_n$ lorsque J est de type III (J. Dieudonné [13], p. 384); lorsque K est non commutatif, on ne connaît pas dans ce cas la structure de U_n^+. Par contre (L. E. Dickson [1, 3], J. Dieudonné [4], p. 66—71):

4) *Lorsque K est commutatif* ($v \geqq 1$ et $J \neq 1$), *on a $U_n^+(K, f) = T_n(K, f)$ pour $n \geqq 2$, sauf pour $n = 3$ et $K = \mathbf{F}_4$.*

Dans le cas exceptionnel, U_3^+/T_3 est un groupe d'ordre 4, produit de deux groupes cycliques d'ordre 2.

Lorsque K est commutatif, $PU_n^+(K, f)$ est donc isomorphe à T_n/W_n sauf dans le cas du groupe $U_3(\mathbf{F}_4)$; U_n/U_n^+ est dans tous les cas isomorphe au groupe des éléments de norme 1 dans K (par rapport au corps K_0 des invariants de J).

Ajoutons enfin que l'ordre du groupe symplectique $Sp_{2m}(\mathbf{F}_q)$ sur un corps fini est

$$(q^{2m} - 1)\, q^{2m-1}(q^{2m-2} - 1)\, q^{2m-3} \ldots (q^2 - 1)q$$

et l'ordre du groupe unitaire $U_n(\mathbf{F}_{q^2})$ est

$$(q^n - (-1)^n)\, q^{n-1}(q^{n-1} - (-1)^{n-1})\, q^{n-2} \ldots (q^2 - 1)\, q(q + 1)$$

(L. E. Dickson [1], p. 94 et 134).

§ 6. Le groupe $O_n(K,f)$ (K de caractéristique $\neq 2$): groupe des rotations et groupe des commutateurs.

L'application $u \to \det(u)$ est un homomorphisme de $O_n(K, f)$ sur le groupe $\{-1, +1\}$; les transformations orthogonales de déterminant 1 forment donc un sous-groupe distingué d'indice 2 de $O_n(K, f)$, qu'on note $O_n^+(K, f)$ et qu'on appelle *groupe des rotations*; les éléments de O_n n'appartenant pas à O_n^+ sont appelés *retournements*. Une rotation (resp. un retournement) est donc produit d'un nombre *pair* (resp. *impair*) de symétries, ce nombre pouvant toujours être pris $\leq n$; on en conclut que si n est *impair* (resp. *pair*), toute rotation (resp. retournement) laisse *invariant* au moins un vecteur $\neq 0$.

Pour un sous-espace V de E, il existe toujours des transformations orthogonales laissant invariant (globalement) V, et de déterminant -1, *sauf* lorsque $n = 2m$ est pair, que $v = m$ et que V est un sous-espace totalement isotrope de dimension maxima m. On en déduit que si V et W sont deux sous-espaces de E tels que les restrictions de f à $V \times V$ et $W \times W$ soient équivalentes, il existe toujours une rotation u telle que $u(V) = W$ (en vertu du th. de WITT) sauf si V et W sont totalement isotropes et de dimension $n/2$: ces sous-espaces se divisent en *deux* classes d'intransitivité pour le groupe O_n^+. En outre, si V et W sont deux sous-espaces totalement isotropes de dimension $n/2$, pour toute symétrie s, on a $\dim(V \cap s(W)) = \dim(V \cap W) \pm 1$; on en déduit que si V et W sont de *même* classe, $\dim(V \cap W)$ a la *même parité que* $n/2$, et inversement.

On appelle *renversement* une $(n - 2, 2)$-involution dans $O_n(K, f)$; c'est évidemment une rotation.

1) *Pour $n \geq 3$, toute rotation est un produit de renversements.*

On raisonne par récurrence sur n: si x est un vecteur non isotrope, il existe un renversement transformant x en $-x$. Si u est une rotation, un au moins des deux vecteurs $u(x) - x$, $u(x) + x$ n'est pas isotrope: dans le second cas, il y a un plan non isotrope P orthogonal à $u(x) + x$, contenant $u(x) - x$, et un renversement v dont P est le sous-espace négatif change x en $u(x)$. Si $u(x) - x$ est non isotrope, il y a de même un renversement transformant x en $-u(x)$, puis un renversement transformant $-u(x)$ en $u(x)$. On peut donc toujours se ramener au cas où u laisse invariant un vecteur x non isotrope. En considérant la restriction de u à l'hyperplan orthogonal à x, qui est une rotation, on est ramené par récurrence au cas où $n = 3$, et alors, comme toute rotation dans O_2 est produit de 2 symétries au plus, toute rotation dans O_3 laissant invariant un vecteur non isotrope est produit de deux renversements au plus.

2) *Pour $n \geq 3$, le centre de $O_n^+(K, f)$ est réduit à l'identité si n est impair, formé de l'identité et de $x \to -x$ si n est pair.* En effet, une trans-

formation semi-linéaire qui permute avec tous les renversements laisse invariants tous les plans non isotropes; mais toute droite non isotrope est évidemment intersection de deux plans non isotropes, et il en est de même de toute droite isotrope en vertu du lemme 1) du § 3; le centralisateur de O_n^+ dans ΓL_n est donc le groupe H_n des homothéties, d'où la propriété. Si n est impair, le groupe O_n est donc *produit direct* du groupe O_n^+ et du centre $Z_n \cap O_n$ de O_n.

3) *Pour $n = 2$, le groupe $O_2^+ (K, f)$ est commutatif.* De façon précise, il y a deux cas à distinguer: a) si l'indice $\nu = 1$, en rapportant E a une base formée de deux vecteurs isotropes, on voit que les matrices de O_2^+ sont les matrices $\begin{pmatrix} \lambda & 0 \\ 0 & \lambda^{-1} \end{pmatrix}$, où $\lambda \in K^*$; $O_2^+ (K, f)$ est donc *isomorphe à K^**; b) si $\nu = 0$, en rapportant E à une base orthogonale, on peut supposer que $f(x, x) = \xi_1^2 + \alpha \xi_2^2$, et par hypothèse $-\alpha$ n'est pas un carré dans K. Soit $K_1 = K(\omega)$ l'extension quadratique de K obtenue en adjoignant une racine carrée ω de $-\alpha$; on peut identifier E à K_1, le vecteur $(1, 0)$ étant identifié à l'élément unité de K_1; alors, si $\zeta = \xi + \omega \eta$, le conjugué $\bar{\zeta} = \xi - \omega \eta$, et l'on a $\zeta \bar{\zeta} = \xi^2 + \alpha \eta^2$; une rotation $u \in O_2^+ (K, f)$ transforme l'élément unité de K_1 en un élément γ de norme 1, et est donc identique à la transformation $\zeta \to \gamma \zeta$ de K_1. En d'autres termes, $O_2^+ (K, f)$ est *isomorphe au groupe des éléments de norme 1 de K^**.

Nous désignerons par $\Omega_n(K, f)$ le *groupe des commutateurs* du groupe orthogonal $O_n(K, f)$.

4) *Le groupe des commutateurs Ω_n est engendré par les produits $s(wsw^{-1})$ de deux symétries conjuguées; il est aussi engendré par les carrés des éléments de O_n* (L. E. DICKSON [1], p. 218, J. DIEUDONNÉ [4], p. 23). Pour démontrer que tout commutateur $uvu^{-1}v^{-1}$ est produit de transformations $s(wsw^{-1})$ où s est une symétrie, on procède par récurrence sur le nombre des symétries dont v est un produit (§ 3); on utilise la même méthode pour montrer que tout carré v^2 appartient à Ω_n. On conclut de là que *tout élément $\neq 1$ du groupe O_n/Ω_n est d'ordre 2*; la structure de ce groupe abélien est donc entièrement déterminée quand on connaît le nombre cardinal (fini et de la forme 2^k, ou infini) de l'ensemble de ses éléments.

5) *Pour $n \geqq 3$, le groupe Ω_n est aussi le groupe des commutateurs du groupe O_n^+.* Il suffit d'utiliser la propriété 1); en raisonnant comme dans 4), on voit que le groupe des commutateurs de O_n^+ est engendré par les carrés des éléments de O_n^+. D'autre part, en raisonnant comme dans la première partie de 4), on voit que Ω_n est engendré par les commutateurs $sts^{-1}t^{-1} = (st)^2$ de deux symétries arbitraires s, t; Ω_n est donc contenu dans le groupe des commutateurs de O_n^+, et il le contient évidemment. Pour $n = 2$, on a encore $\Omega_n \subset O_n^+$, mais O_n^+ est abélien comme on l'a vu.

4*

Pour $n \geq 3$, on a donc dans $O_n(K, f)$ une suite de composition

$$O_n \supset O_n^+ \supset \Omega_n \supset \Omega_n \cap Z_n \supset \{1\} \,.$$

Si n est *impair*, on a vu que $O_n^+ \cap Z_n$ se réduit à l'identité, donc il en est de même de $\Omega_n \cap Z_n$. Dans tous les cas, pour $n \geq 3$ le groupe $\Omega_n \cap Z_n$ est le *centre* de Ω_n. En effet, une transformation semi-linéaire u qui permute avec tous les éléments de Ω_n permute en particulier avec les carrés v^2 des transformations v laissant invariants tous les éléments d'un sous-espace non isotrope Q de dimension $n - 2$, et qu'on peut par suite identifier aux transformations orthogonales dans le plan Q^0 orthogonal à Q. Sauf si $K = \mathbf{F}_3$ et si Q^0 est un plan hyperbolique, il existe de telles transformations v telles que v^2 ne soit pas l'identité; u doit donc laisser invariants tous les sous-espaces non isotropes de dimension $n - 2$, donc toutes les droites non isotropes, et on voit comme dans 3) que u est une homothétie. Si $K = \mathbf{F}_3$, u laisse invariant les plans *elliptiques* (dans lesquels la restriction de $f(x, x)$ est $\xi_1^2 + \xi_2^2$ par rapport à une base orthogonale); or, pour $n \geq 4$, toute droite non isotrope est intersection de deux plans elliptiques, d'où la conclusion dans ce cas; enfin, pour $n = 3$, il y a une base de E telle que les trois plans de coordonnées soient elliptiques, et ce sont les seuls; u ne peut donc que laisser invariant ou changer le signe de chacun des vecteurs de la base considérée, et on constate aisément que seule l'identité, parmi ces transformations, permute avec les transformations de Ω_3.

On désigne par $PO_n^+(K, f)$, $P\Omega_n(K, f)$ les images canoniques de $O_n^+(K, f)$, $\Omega_n(K, f)$ dans $PGL_n(K)$, isomorphes à $O_n^+/(O_n^+ \cap Z_n)$ et $\Omega_n/(\Omega_n \cap Z_n)$ respectivement.

Dans les paragraphes qui suivent, nous allons exposer les résultats connus sur les groupes quotients de la suite de composition d'un groupe orthogonal décrite ci-dessus.

§ 7. L'algèbre de CLIFFORD d'une forme quadratique
(K de caractéristique $\neq 2$)

Nous désignons comme précédemment par $f(x, y)$ une forme bilinéaire symétrique non dégénérée sur l'espace E de dimension n sur K. Considérons, dans l'algèbre tensorielle $T(E)$ sur E, l'idéal bilatère $\mathfrak{a}$ engendré par les éléments de la forme $x \otimes y + y \otimes x - 2f(x, y)$; on appelle *algèbre de* CLIFFORD de la forme f l'algèbre quotient $C(f) = T(E)/\mathfrak{a}$ (W. K. CLIFFORD [1, 2], R. LIPSCHITZ [1]). Soit $(a_i)_{1 \leq i \leq n}$ une base orthogonale de E, et désignons par e_i la classe de a_i modulo $\mathfrak{a}$ dans l'algèbre $C(f)$; pour toute partie H de l'ensemble des entiers $1, 2, \ldots, n$, posons $e_H = e_{i_1} e_{i_2} \ldots e_{i_p}$, où $(i_k)_{1 \leq k \leq p}$ est la suite des éléments de H rangés par ordre croissant ($e_H = 1$ si H est vide). On démontre (C. CHEVALLEY [1], N. BOURBAKI [3]) que les e_H forment une *base* de 2^n éléments de $C(f)$ sur K, avec la table de multiplication

$$e_A e_B = \gamma_{A,B} e_{A \triangle B} \tag{2}$$

où $A \triangle B$ est l'addition dans l'anneau booléien des parties de l'ensemble des entiers $1, 2, \ldots, n$ (autrement dit, la fonction caractéristique de $A \triangle B$ est la somme des fonctions caractéristiques de A et de B, prise mod. 2),

$$\gamma_{A,B} = (-1)^{\varrho(A,B)} \prod_{i \in A \cap B} f(a_i, a_i) \tag{3}$$

et $\varrho(A, B)$ est le «nombre d'inversions» dans la suite obtenue en juxtaposant A et B, autrement dit

$$\varrho(A, B) = \sum_{j \in B} \varrho(A, j) \tag{4}$$

$\varrho(A, j)$ désignant le nombre d'éléments de A qui sont $> j$.

En particulier, on a $e_i e_j = -e_j e_i$ pour $j \neq i$ et $e_i^2 = f(a_i, a_i)$ pour tout indice i.

L'ensemble L_p des combinaisons linéaires des e_H correspondant aux parties H ayant *au plus p* éléments $(0 \leq p \leq n)$ est un sous-espace vectoriel de $C(f)$, indépendant de la base (a_i) choisie. En particulier, l'espace vectoriel E peut être identifié au sous-espace des éléments de $C(f)$ qui sont combinaisons linéaires des e_i; on identifie alors a_i à e_i. Pour tout couple d'éléments x, y de E, on a donc, dans $C(f)$,

$$xy + yx = 2f(x, y) \tag{5}$$

et en particulier

$$x^2 = f(x, x) . \tag{6}$$

Il est évident que les e_i et l'élément unité *engendrent* $C(f)$.

1) *Le centre de $C(f)$ se réduit à K si n est pair, et est égal à $K + Ke_1 e_2 \ldots e_n$ si n est impair*. En effet, si on écrit qu'un élément $z = \sum_A \gamma_A e_A$ permute avec e_i, on voit que $\gamma_A = 0$ pour toutes les parties A contenant un nombre impair d'indices $\neq i$, d'où le résultat.

Les combinaisons linéaires des e_H correspondant aux parties H ayant un nombre *pair* d'éléments, forment une sous-algèbre $C^+(f)$ de $C(f)$, de rang 2^{n-1} sur K, indépendante de la base (a_i), engendrée par les produits $e_i e_j$ $(i < j)$ et par l'élément unité. Les combinaisons linéaires des e_H correspondant aux parties H ayant un nombre *impair* d'éléments forment un sous-espace vectoriel $C^-(f)$ de $C(f)$, supplémentaire de $C^+(f)$ et indépendant de la base (a_i). On dit pour abréger que les éléments de $C^+(f)$ sont de *degré pair*, ceux de $C^-(f)$ de *degré impair*.

2) *Le centre de $C^+(f)$ se réduit à K si n est impair, et est égal à $K + Ke_1 e_2 \ldots e_n$ si n est pair*. Avec les notations précédentes, si l'on écrit que $z \in C^+(f)$ permute avec $e_i e_j$, on voit que $\gamma_A = 0$ pour les parties A telles que $j \in A$ et $i \notin A$, d'où le résultat.

Pour une étude algébrique approfondie de l'algèbre de CLIFFORD, et de ses relations avec la «représentation spinorielle» du groupe orthogonal $O_n(K, f)$, nous renvoyons aux ouvrages de C. CHEVALLEY [1] et de M. EICHLER [2]. La méthode élémentaire que nous allons suivre, en ce qui concerne l'utilisation de $C(f)$ pour l'étude de la structure de $O_n(K, f)$, ne nécessite pas ces résultats; nous suivons essentiellement l'exposé de M. EICHLER [2].

3) *Pour toute transformation orthogonale* $u \in O_n(K, f)$, *il existe un élément inversible* $s_u \in C(f)$ *ayant les propriétés suivantes*:

a) *si* u *est une rotation*, s_u *est de degré pair et l'on a*

$$u(x) = s_u x s_u^{-1} \tag{7}$$

pour tout $x \in E$;

b) *si* u *est un retournement*, s_u *est de degré impair et l'on a*

$$u(x) = - s_u x s_u^{-1} \tag{8}$$

pour tout $x \in E$.

En outre, tout élément $t \in C(f)$ *tel que* $txt^{-1} = u(x)$ *pour tout* $x \in E$ *lorsque* u *est une rotation* (resp. $txt^{-1} = -u(x)$ *pour tout* $x \in E$ *lorsque* u *est un retournement), et qui appartient à* $C^+(f)$ (resp. à $C^-(f)$), *est proportionnel à* s_u.

En effet, supposons d'abord que u soit la symétrie par rapport à un hyperplan orthogonal à un vecteur non isotrope $a \in E$. Alors

$$u(x) = x - 2 \frac{f(x, a)}{f(a, a)} a = x - (ax + xa) a^{-2} a = - a x a^{-1} \tag{9}$$

en vertu de (5) et (6). Si $u = v_1 v_2 \dots v_p$, où v_i est la symétrie par rapport à l'hyperplan orthogonal à un vecteur non isotrope a_i, on a donc

$$u(x) = (-1)^p (a_1 a_2 \dots a_p) x (a_1 a_2 \dots a_p)^{-1}$$

d'où (7) et (8) avec $s_u = a_1 a_2 \dots a_p$. En outre, si t satisfait aux conditions de l'énoncé, $s_u^{-1} t$ est dans $C^+(f)$ et commute avec tout élément de E, donc est à la fois dans le centre de $C(f)$ et dans celui de $C^+(f)$, et par suite dans K en vertu de 1) et 2).

4) *Réciproquement, pour tout élément inversible* $s \in C(f)$ *tel que* $sEs^{-1} = E$, *la transformation* $x \to sxs^{-1}$ *de* E *est une transformation de groupe* $O_n(K, f)$; *en outre, si* $s \in C^+(f)$, *cette transformation est une rotation.*

La première assertion résulte aussitôt de (5). D'autre part, si pour $s \in C^+(f)$, la transformation $x \to v(x) = sxs^{-1}$ était un retournement, il existerait un élément inversible $t \in C(f)$, de degré impair, tel que $v(x) = -txt^{-1}$, en vertu de 3). L'élément $r = t^{-1}s$ serait donc tel que $rxr^{-1} = -x$ pour tout $x \in E$. Si l'on pose $r = \sum_A \gamma_A e_A$ et qu'on écrit $re_i r^{-1} = -e_i$ pour $1 \leqq i \leqq n$, on voit que $\gamma_A = 0$ lorsque A contient un nombre pair d'indices $\neq i$; on ne peut donc avoir que $r = \gamma e_1 e_2 \ldots e_n$, et seulement lorsque n est pair; mais alors $s = tr$ serait de degré impair, contrairement à l'hypothèse.

Remarquons maintenant que, dans l'algèbre tensorielle $T(E)$, l'application linéaire J telle que $(x_1 \otimes x_2 \otimes \cdots \otimes x_p)^J = x_p \otimes x_{p-1} \otimes \cdots \otimes x_1$ est un antiautomorphisme, qui laisse évidemment invariant l'idéal $\mathfrak{a}$; par passage au quotient, il donne donc un *antiautomorphisme involutif* (noté encore J) *de l'algèbre de* CLIFFORD $C(f)$, tel que

$$(x_1 x_2 \ldots x_p)^J = x_p x_{p-1} x_{p-2} \ldots x_1 \tag{10}$$

pour $x_i \in E$, $1 \leq p \leq n$; il est clair que J laisse invariants (globalement) $C^+(f)$ et $C^-(f)$.

Soit maintenant u une rotation quelconque, produit de $2p$ symétries par rapport à des hyperplans orthogonaux aux vecteurs non isotropes $a_1, \ldots, a_{2p}$; on a alors la formule (7), avec $s_u = a_1 a_2 \ldots a_{2p}$. On a donc $s_u s_u^J = a_1 a_2 \ldots a_{2p} a_{2p} \ldots a_2 a_1 = f(a_1, a_1) f(a_2, a_2) \ldots f(a_{2p}, a_{2p}) \neq 0$, en vertu de (6); lorsque s_u est remplacé par λs_u, avec $\lambda \in K^*$, le scalaire $s_u s_u^J$ est multiplié par λ^2; il résulte de 3) que sa *classe modulo le groupe* K^{*2} des carrés des éléments de K^* est un élément $\theta(u)$ qui ne dépend que de u. En outre, pour deux rotations u, v, il résulte de 3) que s_{uv} et $s_u s_v$ ne diffèrent que par un facteur scalaire, d'où

$$\theta(uv) = \theta(u) \, \theta(v) \,. \tag{11}$$

En d'autres termes, θ est *un homomorphisme du groupe* O_n^+ *sur le sous-groupe* Γ *du groupe* K^*/K^{*2} *engendré par les classes des éléments de la forme* $f(x, x) f(y, y)$ (x, y vecteurs non isotropes arbitraires de E). On dit que $\theta(u)$ est la *norme spinorielle* de u (R. LIPSCHITZ [1, 2, 3], M. EICHLER [2]). La définition de R. LIPSCHITZ donne en outre une méthode de calcul de $\theta(u)$ à l'aide des éléments de la matrice de u par rapport à une base orthogonale.

Le noyau $O_n'(K, f) = \theta^{-1}(1)$ *contient le groupe des commutateurs* $\Omega_n(K, f)$; c'est évident si $n \geq 3$, puisqu'alors Ω_n est groupe des commutateurs de O_n^+; mais c'est encore exact pour $n = 2$, car si s, s' sont deux symétries conjuguées, par rapport aux hyperplans orthogonaux à deux vecteurs a, a' tels que $f(a, a) = f(a', a') \neq 0$, on a $\theta(ss') = f((a, a))^2$.

Le groupe multiplicatif des éléments $s \in C(f)$ tels que $sEs^{-1} = E$ s'appelle *groupe de Clifford* de f; son sous-groupe formé des $s \in C^+(f)$ tels que $ss^J = 1$ se note $\mathrm{Spin}_n(K, f)$; si à tout $s \in \mathrm{Spin}_n(K, f)$ on fait correspondre l'élément $x \to sxs^{-1}$ de $O_n^+(K, f)$, on définit un homomorphisme dont le noyau est $\{-1, 1\}$ et dont l'image est le groupe $O_n'(K, f)$; autrement dit, on a une *suite exacte* canonique d'homomorphismes de groupes

$$1 \to \{-1, 1\} \to \mathrm{Spin}_n(K, f) \to O_n^+(K, f) \xrightarrow{\theta} \Gamma \to 1 \,.$$

§ 8. Structure du groupe $O_n(K, f)$

(K de caractéristique $\neq 2$, f d'indice $\nu \geq 1$, $n \geq 2$)

I. Structure de O_n^+/Ω_n et de $\Omega_n \cap Z_n$

1) *Soit P un plan hyperbolique. Toute transformation* (resp. *rotation*) *hyperbolique u peut s'écrire $u = sv$, où s est une transformation* (resp. *rotation*) *hyperbolique de plan P, et $v \in \Omega_n$.*

C'est immédiat si u est une transformation hyperbolique de plan P', car il y a $t \in O_n$ tel que $t(P) = P'$, en vertu du th. de WITT, donc on a $u = tst^{-1} = s(s^{-1}tst^{-1})$. Si u est un produit de p transformations hyperboliques, on raisonne par récurrence sur p. Enfin, si u est une rotation, comme il en est de même de v, s est une rotation.

Pour une autre démonstration de 1), voir C. CHEVALLEY [1], p. 53—55.

2) *Si P et P' sont deux plans hyperboliques, il existe une transformation $v \in \Omega_n(K, f)$ telle que $v(P) = P'$.* La proposition est évidente pour $n = 2$; si $n > 2$, il existe $u \in O_n$ tel que $u(P) = P'$, en vertu du th. de WITT; on a alors, d'après 1), $u = sv$, où $v \in \Omega_n$ et s est une transformation hyperbolique de plan P'; comme $s(P') = P'$, on a $v(P) = P'$.

Ces résultats permettent de démontrer le théorème suivant (M. EICHLER [2]):

Si $\nu \geq 1$ et $n \geq 2$, la norme spinoirelle θ est une représentation de O_n^+ sur le groupe K^*/K^{*2}, dont le noyau est le groupe des commutateurs $\Omega_n(K, f)$.

En effet, d'après 1), on a $\theta(sv) = \theta(s)$, puisque Ω_n est dans le noyau de θ; on est donc ramené au cas $n = 2$, $\nu = 1$. Par rapport à une base formée de deux vecteurs isotropes e_1, e_2 tels que $f(e_1, e_2) = 1$, une rotation s a pour matrice $\begin{pmatrix} \alpha & 0 \\ 0 & \alpha^{-1} \end{pmatrix}$; il est immédiat qu'elle est le produit de deux symétries, l'une par rapport à la droite orthogonale à $e_1 - e_2$, l'autre par rapport à la droite orthogonale à $\alpha e_1 - e_2$. Or, $f(e_1 - e_2, e_1 - e_2) = -2$, $f(\alpha e_1 - e_2, \alpha e_1 - e_2) = -2\alpha$, d'où $\theta(s) = \hat{\alpha}$ (classe de $\alpha \in K^*$ dans le groupe K^*/K^{*2}). Le théorème en résulte aussitôt, car si $\theta(s) = 1$, $\alpha = \beta^2$, et s est le carré de la rotation $\begin{pmatrix} \beta & 0 \\ 0 & \beta^{-1} \end{pmatrix}$, donc (§ 6) appartient à Ω_n.

De ce théorème on déduit aussitôt les corollaires suivants:

a) *Si $n \geq 2$ et $\nu \geq 1$, $O_n^+(K, f)/\Omega_n(K, f)$ est isomorphe à K^*/K^{*2}.*

b) *Si $n \geq 2$ et $\nu \geq 1$, pour que la symétrie $x \to -x$ appartienne à $\Omega_n(K, f)$, il faut et il suffit que n soit pair et que le discriminant de f soit un carré dans K.* En effet, la symétrie $x \to -x$ est produit de n symétries par rapport aux hyperplans de coordonnées pour une base orthogonale de f; la valeur de la norme spinorielle de cette transformation est donc la classe mod. K^{*2} du discriminant de f par rapport à cette base. On notera d'ailleurs que la condition que le discriminant de f soit un carré est toujours *nécessaire et suffisante* pour que $x \to -x$ appartienne à O'_n (même si $\nu = 0$).

§ 9. Structure du groupe $O_n(K, f)$

(K de caractéristique $\neq 2$, f d'indice $\nu \geqq 1$, $n \geqq 3$)

II. Structure du groupe $\Omega_n/(\Omega_n \cap Z_n) = P\Omega_n(K, f)$

La structure particulière des algèbres de CLIFFORD pour $n = 3$ et $n = 4$ donne des renseignements importants sur la structure des groupes orthogonaux correspondants (cf. aussi chap. IV, § 8), et nous commençons par l'étude de ces deux cas, qui sera faite *sans restriction sur l'indice ν* (qui peut donc prendre la valeur 0).

A) $n = 3$. Soit $(e_i)_{1 \leqq i \leqq 3}$ une base orthogonale de E. La sous-algèbre $C^+(f)$ est alors de rang 4; elle a une base formée de l'élément 1 et des trois éléments

$$i_1 = e_2 e_3, \qquad i_2 = e_3 e_1, \qquad i_3 = \alpha_3 e_1 e_2 \tag{12}$$

avec la table de multiplication

$$\left. \begin{aligned} i_h i_k &= -i_k i_h \quad \text{pour } h \neq k \\ i_1^2 = \beta_1, \quad i_2^2 &= \beta_2, \quad i_3^2 = -\beta_1 \beta_2 \end{aligned} \right\} \tag{13}$$

où on a posé $\alpha_k = f(e_k, e_k)$, $\beta_1 = -\alpha_2 \alpha_3$, $\beta_2 = -\alpha_3 \alpha_1$. $C^+(f)$ est donc une *algèbre de quaternions généralisés* sur le corps K, correspondant aux éléments β_1, β_2 de K. Les résultats du § 7 se précisent de la façon suivante:

1) *Pour toute rotation $u \in O_3^+$, s_u est un quaternion inversible, et réciproquement, tout quaternion inversible est de la forme s_u.*

La première partie a été vue au § 7. Pour démontrer la réciproque, on peut procéder comme suit (M. EICHLER [2]): on dit qu'un quaternion z est *pur* s'il ne contient pas de composante scalaire; l'antiautomorphisme J de $C^+(f)$ (§ 7) est l'unique antiautomorphisme de cette algèbre laissant invariants les éléments de K, et les quaternions purs peuvent être définis encore comme ceux pour lesquels $z^J = -z$. Soit d'autre part $j = e_1 e_2 e_3$; E étant toujours considéré comme plongé dans $C(f)$, l'application $x \to xj$ est un isomorphisme d'espace vectoriel de E sur l'espace des quaternions purs. Mais on voit aussitôt (en raison du fait que $N(t) = t t^J = t^J t \in K$ pour tout quaternion t) que pour tout quaternion pur z, tzt^{-1} est encore un quaternion pur, quel que soit le quaternion inversible t; comme, pour tout $x \in E$, $txt^{-1} = t(xj)t^{-1}j^{-1}$, on a $txt^{-1} \in E$, ce qui prouve la proposition (cf. § 7, 4)).

Ce résultat entraîne aussitôt comme corollaire:

2) *Le groupe $O_3^+(K, f)$ est isomorphe au groupe C^{+*}/K^*, ou C^{+*} désigne le groupe des quaternions inversibles dans $C^+(f)$; le groupe $O_3'(K, f)$ est isomorphe au quotient du groupe des quaternions t de norme $N(t) = 1$, par le groupe $\{-1, +1\}$.*

On sait que la condition pour qu'un quaternion z soit inversible est que sa norme $N(z) = zz^J$ ne soit pas nulle; on constate aussitôt que sur l'espace des quaternions purs, la forme bilinéaire $xy^J + yx^J$ est équivalente à la forme f à un facteur près et que, si $N(z) = 0$ pour un quaternion $z \neq 0$, il existe un quaternion *pur* $z' \neq 0$ tel que $N(z') = 0$. Donc, si $\nu = 0$, $C^+(f)$ est un *corps*. Si au contraire $\nu = 1$, il existe des diviseurs de 0 dans $C^+(f)$, qui est alors nécessairement isomorphe à l'algèbre $K_{(2)}$ des matrices d'ordre 2 sur K. Le groupe C^{+*} est donc isomorphe à $GL_2(K)$, et par suite (§ 2):

3) *Si $\nu = 1$, le groupe $O_3^+(K, f)$ est isomorphe au groupe projectif $PGL_2(K)$, et son groupe des commutateurs $\Omega_3(K, f)$ à $PSL_2(K)$; le groupe $\Omega_3(K, f)$ est donc simple si $K \neq \mathbf{F}_3$.*

B) $n = 4$. Le centre T de $C^+(f)$ est alors somme directe de K et de $K e_1 e_2 e_3 e_4$, $(e_i)_{1 \leq i \leq 4}$ étant une base orthogonale de E; en outre, on a $(e_1 e_2 e_3 e_4)^2 = \Delta$, Δ désignant le discriminant de f par rapport à la base (e_i); suivant que Δ est ou non un carré dans K, T est somme directe de deux corps isomorphes à K, ou une extension quadratique de K. On notera que, d'après le th. de WITT, on est toujours dans le premier cas pour $\nu = 2$, et toujours dans le second pour $\nu = 1$; pour $\nu = 0$, l'un ou l'autre cas peuvent se présenter.

De toute façon, les éléments i_h définis par (12) engendrent une sous-algèbre L de $C^+(f)$ qui est une algèbre de quaternions généralisés sur K; en outre, $C^+(f)$ peut être identifiée au *produit tensoriel* $T \otimes L$ (sur K), car $T \cap L = K$, et tout élément de T est permutable avec tout élément de L; si $j = e_1 e_2 e_3 e_4$, on a

$$j i_1 = \alpha_2 \alpha_3 e_1 e_4, \quad j i_2 = -\alpha_3 \alpha_1 e_2 e_4, \quad j i_3 = \alpha_1 \alpha_2 \alpha_3 e_3 e_4 .$$

Pour tout élément $t = \lambda_0 + \lambda_1 i_1 + \lambda_2 i_2 + \lambda_3 i_3 \in C^+(f)$, avec $\lambda_h \in T$, on a $t^J = \lambda_0 - \lambda_1 i_1 - \lambda_2 i_2 - \lambda_3 i_3$, car J laisse invariants les éléments de T; on en déduit que $N(t) = tt^J = \lambda_0^2 - \lambda_1^2 \beta_1 - \lambda_2^2 \beta_2 + \lambda_3^2 \beta_1 \beta_2$ appartient à T.

4) *Pour qu'un élément inversible $t \in T \otimes L$ soit de la forme s_u, où $u \in O_4^+$, il faut et il suffit que $N(t)$ appartienne à K* (M. EICHLER [2]).

La condition est en effet nécessaire (§ 7); inversement, si $N(t) \in K$, pour tout $x \in E$, $y = txt^{-1} = txt^J/N(t)$ est combinaison linéaire d'éléments de degré impair de $C(f)$; mais comme $y^J = y$, il ne peut contenir d'éléments de degré 3, donc appartient à E, ce qui démontre le critère (§ 7,4)).

Ce qui précède montre que *le groupe $O_4'(K, f)$ est isomorphe au quotient par $\{-1, +1\}$ du groupe des quaternions $t \in T \otimes L$ de norme $N(t) = 1$.* Distinguons maintenant les deux cas envisagés ci-dessus:

BI) *Δ n'est pas un carré dans K.* Si l'on désigne par $f_1(x, y)$ la restriction de $f(x, y)$ à l'hyperplan H orthogonal à e_4, il résulte de 2) que *le groupe $O'_4(K, f)$ est isomorphe au groupe $O'_3(K(\sqrt{\Delta}), f_1)$.* Si l'indice ν de f est égal à 1, on peut supposer que f_1 est aussi d'indice 1, donc, d'après 3):

5) *Si $\nu = 1$, le groupe $\Omega_4(K, f)$ est simple et isomorphe au groupe $PSL_2(K(\sqrt{\Delta}))$* (on notera que si K est fini, $K(\sqrt{\Delta})$ a au moins 9 éléments).

Si $\nu = 0$, la forme f_1 est aussi *d'indice* 0 sur $K(\sqrt{\Delta})$. En effet, s'il y avait deux vecteurs x, y non nuls dans H tels que $f(x + \sqrt{\Delta}\, y, x + \sqrt{\Delta}\, y) = 0$, on en déduirait que x et y sont orthogonaux et que $f(x, x) = -\Delta f(y, y)$. Mais en vertu de la définition de Δ, cela entraînerait qu'il existe un vecteur isotrope (pour f) dans le plan orthogonal à x et y, contrairement à l'hypothèse.

BII) *Δ est un carré ω^2 dans K.* Soient $c' = 1/2(1 + \omega^{-1}j)$, $c'' = 1/2(1 - \omega^{-1}j)$; c' et c'' sont deux idempotents orthogonaux dans $C^+(f)$, qui est somme directe des deux algèbres de quaternions Lc' et Lc'' isomorphes à L (de centres Kc', Kc''). Tout élément inversible de $C^+(f)$ peut s'écrire $t = ac' + b^{-1}c''$, où a et b sont dans L, et la condition que $N(t) \in K$ équivaut à $N(a)N(b) = 1$. En particulier, pour que $N(t) = 1$, il faut et il suffit que $N(a) = N(b) = 1$; si l'on remarque que $O'_4 \cap Z_4$ est ici un groupe à 2 éléments (§ 7), on voit que *$O'_4/O'_4 \cap Z_4$ est isomorphe au groupe produit $O'_3(K, f_1) \times O'_3(K, f_1)$.* En particulier:

6) *Si $\nu = 2$, le groupe $\Omega_4/(\Omega_4 \cap Z_4)$ est isomorphe au groupe produit $PSL_2(K) \times PSL_2(K)$* (dont les facteurs sont *simples* si $K \neq \mathbf{F}_3$).

On peut préciser ces résultats de la façon suivante: pour tout $x \in E$, on a $xj = -jx$, donc $c'x = xc''$, $c''x = xc'$; comme $t^{-1} = a^{-1}c' + bc''$, on a $txt^{-1} = (axb)c' + (b^{-1}xa^{-1})c'' = (axb)c' + (axb)^J c''$ (en raison de la relation $N(a)N(b) = 1$). D'autre part, on peut supposer pour simplifier que $f(e_4, e_4) = 1$ (en multipliant f par une constante); tout $x \in E$ peut s'écrire d'une seule manière $x = e_4\alpha + j_0 z$, où $\alpha \in K, j_0 = e_1 e_2 e_3$ et z est un quaternion pur de L; associons à x le quaternion $\tilde{x} = \alpha + z$, et cherchons la quaternion associé à txt^{-1}; tenant compte de ce que e_4 commute et j_0 anticommute avec les éléments de L, et de la relation $\Delta^{-1}j_0 j = -e_4$, on constate que le quaternion associé à txt^{-1} est $a\tilde{x}b$. Identifiant E à L au moyen de l'application linéaire $x \to \tilde{x}$, on voit donc que *toute rotation de O_4^+ peut s'écrire $y \to ayb$, où a et b sont deux quaternions tels que $N(a)N(b) = 1$, et réciproquement.*

C) $n \geqq 5$. On a le théorème fondamental suivant (L. E. Dickson [1, 2, 3], J. Dieudonné [4]):

Si $n \geqq 5$ et $\nu \geqq 1$, le groupe $\Omega_n/(\Omega_n \cap Z_n)$ est simple.

Le principe de la démonstration donnée ci-dessous est dû à T. Tamagawa [1], et utilise l'idée fondamentale de K. Iwasawa déjà employée aux §§ 2 et 4. Nous nous limiterons pour simplifier au cas où $K \neq \mathbf{F}_3$ et indiquerons ensuite (sans entrer dans les détails) comment Tamagawa procède pour éviter ce cas d'exception. La démonstration repose sur quelques lemmes préliminaires:

7) *Soient D, D', D_1, D_1' quatre droites isotropes telles que D et D' ne soient pas orthogonales et que D_1 et D_1' ne soient pas orthogonales; alors il existe $v \in \Omega_n$ tel que $v(D) = D_1$ et $v(D') = D_1'$.*

Si P (resp. P_1) est le plan hyperbolique défini par D et D' (resp. D_1 et D_1'), il existe $w \in \Omega_n$ tel que $w(P) = P_1$ (§ 8,2)); on est donc ramené au cas où $D_1 = D'$, $D_1' = D$, un plan hyperbolique ne contenant que deux droites isotropes. Soit a un vecteur non isotrope orthogonal à P; il existe dans P des vecteurs x tels que $f(x, x)$ prenne toute valeur donnée dans K, en particulier un vecteur b tel que $f(b, b) = f(a, a)$. En vertu du th. de WITT, il existe $t \in O_n$ tel que $b = t(a)$; si s est la symétrie par rapport à l'hyperplan orthogonal à a, on a $s(D) = D$, $s(D') = D'$; $s' = tst^{-1}$ est la symétrie par rapport à l'hyperplan orthogonal à b, et l'on a $s'(D) = D'$, $s'(D') = D$; la transformation $v = s's = tst^{-1}s^{-1} \in \Omega_n$ répond à la question.

On notera que ce lemme est valable pour tout $n \geqq 3$ et $\nu \geqq 1$ (nous utiliserons cette remarque dans le lemme 8).

8) *Soient a, b, b' trois vecteurs isotropes distincts tels que $f(a, b)$ $= f(a, b') = 0$; alors il existe $v \in \Omega_n$ tel que $v(a) = a$ et $v(b) = b'$.*

Supposons d'abord $f(b, b') \neq 0$ et soit P le plan hyperbolique défini par b et b'. Il existe un quatrième vecteur isotrope a' tel que $f(a, a') \neq 0$, $f(a', b) = f(a, b') = 0$ (chap. I, § 11,1)). Le sous-espace R de E orthogonal à a et a' est non isotrope, de dimension $\geqq 3$, donc, si f_1 est la restriction de f à R, il résulte de 7) qu'il y a une transformation $v' \in \Omega_{n-2}(K, f_1)$ telle que $v'(b) = b'$. Comme v' s'étend à une transformation $v \in \Omega_n(K, f)$ laissant invariants les vecteurs orthogonaux à R, v répond dans ce cas à la question.

Si $f(b, b') = 0$, on considère encore un vecteur isotrope a' tel que $f(a, a') \neq 0$ et le sous-espace R défini comme ci-dessus; soient b_1, b_1' les intersections de R avec les plans totalement isotropes $Ka + Kb$, $Ka + Kb'$ respectivement. Soit c isotrope dans R et non orthogonal à b_1; alors c n'est pas non plus orthogonal à b, puisque $f(a, c) = 0$. On peut appliquer deux fois la première partie du raisonnement, ce qui fournit un $v_1 \in \Omega_n$ tel que $v_1(a) = a$ et $v_1(b) = b_1$. Raisonnant de même sur b' et b_1', on est finalement ramené à trouver un $w \in \Omega_n$ tel que $w(a) = a$ et $w(b_1) = b_1'$. Pour cela, on prend $w' \in \Omega_{n-2}(K, f_1)$ tel que $w'(b_1) = b_1'$ et l'on étend w' à un $w \in \Omega_n(K, f)$ laissant invariants les vecteurs orthogonaux à R.

Il résulte aussitôt du § 3,3) que le groupe PO_n (et *a fortiori* $P\Omega_n$) opère *fidèlement* dans l'ensemble C des droites isotropes de E

9) *Le groupe $P\Omega_n$, considéré comme groupe de permutations de C, est primitif.*

Supposons le contraire, et que C soit donc décomposé en une partition compatible avec $P\Omega_n$ et dont un ensemble M au moins ait 2 éléments D, D' distincts. On peut supposer D, D' non orthogonales: en effet, si

D et D' sont orthogonales, il résulte de 8) que M contient toutes les droites isotropes orthogonales à D *ou* à D'; mais il existe une droite isotrope D'' orthogonale à D et non à D' (chap. I, 11,1)), donc $D'' \in M$ et l'on peut remplacer le couple (D, D') par (D'', D').

Supposons donc D, D' non orthogonales; alors, par 7), M contient toutes les droites isotropes non orthogonales à D ou non orthogonales à D'. Si $\nu = 1$, cela prouve déjà que $M = C$. Sinon, il existe une droite isotrope D_1 orthogonale à D, distincte de D et orthogonale à D' (chap. I, § 11,1)); on a $D_1 \in M$ par ce qui précède, et en vertu de 8) il existe une transformation de Ω_n qui laisse fixe D' et transforme D_1 en toute droite isotrope $\neq D'$ et orthogonale à D'. Donc M contient aussi toutes les droites isotropes orthogonales à D', et on voit de même qu'il contient toutes les droites isotropes orthogonales à D, ce qui achève de montrer que $M = C$.

On va maintenant montrer qu'on peut appliquer au groupe primitif $P\Omega_n$ le lemme 4 du § 2, en définissant convenablement les H_x.

10) *Soient $a \neq 0$ un vecteur isotrope, L l'hyperplan isotrope orthogonal à a. Pour tout vecteur $y \in L$, la transvection t_a: $z \to z + af(z, y)$ dans L s'étend d'une seule manière en une transformation orthogonale $\varrho_{a,y}$.*

L'existence de $\varrho_{a,y}$ résulte du th. de WITT, une fois qu'on a vérifié la relation $f(z, z) = f(z', z')$ avec $z \in L$ et $z' = z + f(z, y)a$; cela est immédiat puisque $f(a, a) = f(z, a) = 0$. Pour l'unicité, on considère un vecteur isotrope b non orthogonal à a et le plan hyperbolique P défini par a et b. Si deux transformations orthogonales u, u' coincident avec t_a dans L, elles coincident avec t_a dans l'orthogonal P^0 de P, donc $u' u^{-1}$ laisse invariants les vecteurs de P^0, et laisse par suite P stable; mais dans P, $u' u^{-1}$ est une transformation orthogonale laissant invariant un vecteur isotrope, donc est aussi l'identité.

11) *Avec les notations de 10), on a*

$$\varrho_{a,y}\varrho_{a,y'} = \varrho_{a,y+y'} \qquad \textit{pour } y \in L, y' \in L.$$

$$\varrho_{a,\lambda y} = \varrho_{\lambda a, y} \qquad \textit{pour } \lambda \neq 0 \textit{ dans } K.$$

$$v\varrho_{a,y}v^{-1} = \varrho_{v(a),v(y)} \qquad \textit{pour tout } v \in O_n(K, f).$$

Il suffit en effet de vérifier ces relations pour les valeurs des deux membres dans L (ou dans $v(L)$ pour la troisième relation), ce qui est immédiat.

Il résulte de 11) que pour un vecteur isotrope a donné, l'ensemble des $\varrho_{a,y}$ pour $y \in L$ est un *sous-groupe abélien* H_a de O_n, et $H_{\lambda a} = H_a$, donc H_a ne dépend que du point $x = Ka \in C$ correspondant à a; son image dans PO_n est évidemment isomorphe à H_a; on la note H_x. On a $vH_av^{-1} = H_{v(a)}$ pour tout $v \in O_n$, et en particulier, H_x *est distingué dans le stabilisateur de x dans PO_n.*

12) *Le groupe $P\Omega_n$ est engendré par les H_x pour $x \in C$.*

Montrons d'abord que $H_x \subset P\Omega_n$ pour tout $x \in C$. Compte tenu de 10), il suffit de prouver que l'on a $\varrho_{a,y} \in \Omega_n$ pour tous les y d'une *base orthogonale* de P^0 (avec les notations de la démonstration de 10)); autrement dit, on peut se borner au cas où $y \in L$ est *non isotrope*. On constate alors aussitôt que la transvection t_a cïoncide avec la restriction à L du produit ss' des symétries par rapport aux hyperplans orthogonaux aux vecteurs y et $y' = y + f(y,y)a$, tels que $f(y,y) = f(y',y')$; en vertu du th. de WITT, il existe $u \in O_n$ tel que $u(y) = y'$, donc $s' = usu^{-1}$, et $\varrho_{a,y}$ coïncide donc dans L avec $susu^{-1}$; on a donc $\varrho_{a,y} \in \Omega_n$ en vertu de 10) et du § 6,4). Notons maintenant que Ω_n est engendré par les $susu^{-1}$, où s est une symétrie par rapport à un hyperplan non isotrope V et $u \in O_n$ (§ 6,4)), de sorte que $f(z,z) = f(u(z),u(z))$, où z est orthogonal à V. Si le plan P contenant z et $u(z)$ est isotrope et si a est un vecteur isotrope de ce plan (déterminé à un scalaire près), on a $susu^{-1} \in H_a$ par le calcul précédent. Supposons donc P non isotrope; alors il y a un sous-espace W de E de dimension 3, non isotrope, contenant P et un vecteur isotrope c. C'est évident si P est hyperbolique, avec $c \in P$; sinon, comme les vecteurs isotropes de E ne peuvent être dans un même hyperplan, il y en a un $c \notin P$, non orthogonal à P; dans ce dernier cas, $W = P + Kc$ répond à la question; en effet, W ne peut contenir de plan totalement isotrope, qui aurait une intersection isotrope avec P; et si $W \cap W^0 \neq 0$, on ne pourrait donc avoir que $W \cap W^0 = Kc$, contrairement au choix de c. Cela étant, le groupe $O_3(K, f_1)$, où f_1 est la restriction de f à W, est tel que son groupe des commutateurs soit *simple* par 3); donc la restriction de $susu^{-1}$ à W est produit de restrictions à W de transformations de la forme $\varrho_{a,y}$ avec a et y *dans* W (les conjugués dans un groupe simple d'un sous-groupe quelconque non réduit à l'élément neutre engendrant le groupe simple); comme ces transformations laissent invariantes les vecteurs orthogonaux à W, $susu^{-1}$ est bien produit des $\varrho_{a,y}$ correspondants.

13) *Le groupe des commutateurs de $P\Omega_n$ est égal à $P\Omega_n$.*

Il suffira de montrer que chacun des sous-groupes H_a est contenu dans le groupe des commutateurs de $P\Omega_n$. Or, il existe $\lambda \in K$ tel que $\lambda^2 \neq 0$ et $\lambda^2 \neq 1$. Soient a, b deux vecteurs isotropes tels que $f(a,b) = 1$, P le plan hyperbolique qu'ils déterminent, v la rotation dans P telle que $v(a) = \lambda a$, $v(b) = \lambda^{-1}b$; on sait que $v^2 \in \Omega_n$ (§6,4)) et l'on a, pour tout y orthogonal à a,

$$v^2 \varrho_{a,y} v^{-2} \varrho_{a,y}^{-1} = \varrho_{a,(\lambda^2-1)y}$$

en vertu de 11); comme $\lambda^2 - 1 \neq 0$, on a bien montré que tout élément de H_a est un commutateur dans $P\Omega_n$.

Toutes les conditions d'application du lemme 4 du § 2 sont donc remplies, c. q. f. d.

Le procédé de TAMAGAWA est un peu différent: il considère d'emblée le groupe Ω'_n *engendré par les $\varrho_{a,y}$* dans $O_n(K, f)$ et montre *directement* que $P\Omega'_n$ est *primitif*; il montre ensuite que $\Omega'_n = \Omega_n$, et termine le raison-nement comme ci-dessus; la simplicité du groupe $PSL_2(K)$ n'étant pas utilisée, le cas d'exception $K = \mathbf{F}_3$ ne se présente donc pas dans sa démons-tration, sauf pour établir 13), où l'on conclut à l'aide d'un calcul simple utilisant l'hypothèse $n \geqq 5$.

La démonstration du théorème précédent établit en outre que *tout sous-groupe distingué de* $O_n^+(K, f)$ $(n \geqq 5,\ v \geqq 1)$ *non contenu dans* Z_n *contient le groupe des commutateurs* $\Omega_n(K, f)$.

Notons enfin que le nombre d'éléments du groupe des rotations $O_n^+(\mathbf{F}_q, f)$ est

$$(q^{n-1} - 1)q^{n-2}(q^{n-3} - 1)q^{n-4} \ldots (q^2 - 1)q$$

pour n *impair* (tous les groupes orthogonaux à n variables sur $\mathbf{F}_q$ sont alors isomorphes), et, pour $n = 2m$ *pair*

$$(q^{2m-1} - \varepsilon q^{m-1})(q^{2m-2} - 1)q^{2m-3} \ldots (q^2 - 1)q$$

où $\varepsilon = 1$ si $(-1)^m \Delta$ est un carré dans $\mathbf{F}_q$, $\varepsilon = -1$ dans le cas contraire, Δ étant le discriminant de f (L. E. DICKSON [1], p. 160). Comme l'indice de f est toujours $\geqq 1$ pour $n \geqq 3$, et que le groupe K^*/K^{*2} est d'ordre 2 pour un corps fini, on voit que $\Omega_n(\mathbf{F}_q, f)$ est *d'indice* 2 dans $O_n^+(K, f)$ (§ 8), et que, pour n pair, $\Omega_n \cap Z_n$ est d'ordre 2 ou 1 suivant que le discriminant Δ est ou non un carré dans $\mathbf{F}_q$.

§ 10. Le groupe $O_n(K, Q)$

(K corps de caractéristique 2, Q forme non défective)

Rappelons que $n = 2m$ doit être pair, et que le groupe $O_n(K, Q)$ est un sous-groupe du groupe symplectique $Sp_{2m}(K)$ correspondant à la forme bilinéaire f associée à la forme quadratique Q (chap. I, § 16).

Le *centralisateur* de $O_n(K, Q)$ dans $\Gamma L_n(K)$ s'obtient en raisonnant comme au § 3 (les transvections orthogonales remplaçant les symétries, et les vecteurs singuliers les vecteurs isotropes). On voit ainsi que ce centralisateur est le groupe des homothéties H_n, sauf dans les deux cas suivants: 1^0 $n = 2$, $K = \mathbf{F}_4$, $v = 1$, où le centralisateur comprend en outre la transformation semi-linéaire échangeant deux vecteurs singuliers e_1, e_2 tels que $f(e_1, e_2) = 1$; $2°$ $n = 2$, $K = \mathbf{F}_2$, $v = 1$, le groupe $O_2(K, Q)$ étant alors un groupe d'ordre 2, qui est son propre centralisateur. Sauf dans ce dernier cas, le *centre* de $O_n(K, Q)$ est donc réduit à l'unité.

On associe encore à la forme non défective Q son *algèbre de* CLIFFORD $C(Q)$ (C. ARF [1], C. CHEVALLEY [1]); c'est le quotient de l'algèbre tensorielle $T(E)$ par l'idéal bilatère $\mathfrak{a}_1$ engendré par les éléments de la forme $x \otimes x - Q(x)$ (idéal qui contient celui engendré par les $x \otimes y + y \otimes x - f(x, y)$). L'algèbre $C(Q)$ est encore une algèbre sur K, de rang 2^{2m}; E peut être identifié au sous-espace des éléments de degré 1 de $C(Q)$, et l'on a alors, pour tout couple d'éléments x, y de E

$$xy + yx = f(x, y) \,, \tag{14}$$

$$x^2 = Q(x) \,. \tag{15}$$

En particulier, si $(e_i)_{1 \le i \le 2m}$ est une *base symplectique* de E (pour la forme f), telle que $f(e_i, e_j) = f(e_{m+i}, e_{m+j}) = 0$ et $f(e_i, e_{m+j}) = \delta_{ij}$ pour $1 \le i \le m$, $1 \le j \le m$, on a

$$\left.\begin{aligned}
e_i^2 = Q(e_i)\,, \qquad & e_{m+i}^2 = Q(e_{m+i}) \,, \\
e_i e_j = e_j e_i\,, \quad & e_{m+i} e_{m+j} = e_{m+j} e_{m+i} \,, \\
e_i e_{m+j} + & e_{m+j} e_i = \delta_{ij}
\end{aligned}\right\} \tag{16}$$

pour $1 \le i \le m$, $1 \le j \le m$. Le *centre* de $C(Q)$ est réduit à K.

Les combinaisons linéaires des e_H (définis comme au § 7) correspondant aux parties H ayant un nombre pair d'éléments (éléments *de degré pair* de $C(Q)$) forment une sous-algèbre $C^+(Q)$ de $C(Q)$, de rang 2^{2m-1} sur K, engendrée par les produits $e_i e_j$ $(1 \le i \le j \le 2m)$ et l'unité. Le centre T de $C^+(Q)$ est une algèbre de rang 2 sur K, ayant pour base 1 et l'élément

$$\zeta = e_1 e_{m+1} + e_2 e_{m+2} + \cdots + e_m e_{2m} \tag{17}$$

vérifiant l'équation

$$\zeta^2 + \zeta = \varDelta(Q) \,, \tag{18}$$

où l'on a posé

$$\varDelta(Q) = Q(e_1)Q(e_{m+1}) + \cdots + Q(e_m)Q(e_{2m}) \,. \tag{19}$$

On dit que $\varDelta(Q)$ est le *pseudo-discriminant* de Q relativement à la base symplectique $(e_i)_{1 \le i \le 2m}$ (C. ARF [1], M. KNESER [2]). Soit u une transformation symplectique, et posons

$$u(e_i) = \sum_{j=1}^{m} a_{ij} e_j + \sum_{j=1}^{m} b_{ij} e_{m+j}$$

$$u(e_{m+i}) = \sum_{j=1}^{m} c_{ij} e_j + \sum_{j=1}^{m} d_{ij} e_{m+j} \,.$$

Si l'on pose $Q_1(x) = Q(u(x))$, et si l'on désigne par $\varDelta(Q_1)$ le pseudo-discriminant de Q_1 par rapport à la même base (e_i), on a

$$\varDelta(Q_1) = \varDelta(Q) + \wp(D(u)) \tag{20}$$

où l'on a posé $\wp(\xi) = \xi + \xi^2$, et où, en écrivant $Q(e_i) = \alpha_i$, $Q(e_{m+i}) = \beta_i$,

$$D(u) = \sum_{i,j} (\alpha_j a_{ij} c_{ij} + \beta_j b_{ij} d_{ij} + b_{ij} c_{ij}) \tag{21}$$

est l'*invariant de* DICKSON de u (L. E. DICKSON [1], p. 206, J. DIEUDONNÉ [20]). Pour une transformation *orthogonale* u, on a donc $D(u) = 0$ ou $D(u) = 1$; en outre l'application $u \to D(u)$ est un homomorphisme de $O_n(K, Q)$ dans le groupe additif K. Les transformations orthogonales u telles que $D(u) = 0$ forment donc un *sous-groupe d'indice* 2 de $O_n(K, Q)$, qu'on appelle encore *groupe des rotations* et qu'on désigne par $O_n^+(K, Q)$. Pour une *transvection* orthogonale t, on a toujours $D(t) = 1$.

1) *Toute transformation de $O_n(K, Q)$ est un produit de transvections orthogonales, sauf lorsque $K = \mathbf{F}_2$, $n = 4$ et $\nu = 2$* (J. Dieudonné [4]; autre démonstration dans C. Chevalley [1], p. 20—21). On peut même montrer que, sauf dans le cas singulier précédent, toute transformation orthogonale est produit de n transvections orthogonales au plus (J. Dieudonné [19]). Lorsqu'on n'est pas dans ce cas singulier, les rotations sont donc les transformations orthogonales qui sont produits d'un nombre *pair* de transvections orthogonales. Les remarques faites au § 6 quant à la possibilité de transformer par une rotation un sous-espace V de E en un autre W (tel que les restrictions de Q à V et W soient équivalentes) subsistent en remplaçant «totalement isotrope» par «singulier» (même dans le cas singulier signalé ci-dessus).

2) *Pour $n \geq 4$, le centre du groupe $O_n^+(K, f)$ est réduit à l'identité*: la démonstration procède exactement comme dans le § 6, en remarquant que pour tout plan non isotrope P il existe une rotation (produit de deux transvections orthogonales dont les vecteurs sont dans P) dont le sous-espace des vecteurs invariants est P^0.

3) *Le groupe $O_2^+(K, Q)$ est commutatif*. On distingue encore deux cas suivant l'indice ν de Q: a) si $\nu = 1$, en rapportant E à une base formée de deux vecteurs singuliers, on constate que les matrices de O_2^+ sont les matrices $\begin{pmatrix} \lambda & 0 \\ 0 & \lambda^{-1} \end{pmatrix}$, où $\lambda \in K^*$, donc $O_2^+(K, Q)$ est *isomorphe à K^**; b) si $\nu = 0$, on peut rapporter E à une base symplectique telle que $Q(x) = \xi_1^2 + \xi_1\xi_2 + \alpha\xi_2^2$, le polynôme $X^2 + X + \alpha$ étant irréductible sur K. Soit $K_1 = K(\omega)$ l'extension quadratique séparable obtenue en adjoignant à K une racine ω de ce polynôme; on identifie E à K_1, $(1, 0)$ étant identifié à l'unité de K_1; si $\zeta = \xi + \omega\eta$, le conjugué $\bar{\zeta} = \xi + \eta + \omega\eta$, et l'on a $\zeta\bar{\zeta} = \xi^2 + \xi\eta + \alpha\eta^2$. On constate d'autre part qu'une rotation qui laisse invariante l'unité de K_1 est nécessairement l'identité; comme toute rotation $u \in O_2^+(K, Q)$ transforme l'élément unité de K_1 en un élément γ de norme 1, elle est identique à la transformation $\zeta \rightarrow \gamma\zeta$, et $O_2^+(K, Q)$ est *isomorphe au groupe des éléments de norme 1 de K_1*.

Nous désignerons par $\Omega_n(K, Q)$ le *groupe des commutateurs* du groupe orthogonal $O_n(K, Q)$.

4) *Le groupe des commutateurs $\Omega_n(K, Q)$ est engendré par les produits $t(wtw^{-1})$ de deux transvections orthogonales conjuguées; il est aussi engendré par les carrés de éléments de O_n*. La démonstration est la même que celle du § 6,4), sauf pour le cas singulier $K = \mathbf{F}_2$, $n = 4$, $\nu = 2$, qui demande un examen spécial (J. Dieudonné [4], p. 45).

Dans toute la suite de ce §, nous *excluons*, sauf mention expresse du contraire, le cas singulier $K = \mathbf{F}_2$, $n = 4$, $v = 2$.

5) *Pour $n \geq 4$, le groupe Ω_n est aussi le groupe des commutateurs du groupe des rotations O_n^+*. La démonstration donnée au § 6,5) ne s'étend pas ici, mais on peut démontrer directement la proposition en établissant que pour deux transvections orthogonales quelconques s, t, $sts^{-1}t^{-1}$ appartient au groupe des commutateurs de O_n^+ (C. Chevalley [1], p. 54—55).

Le *centre* de Ω_n est réduit à l'identité (et donc égal à $\Omega_n \cap Z_n$) pour $n \geq 4$. La démonstration est tout à fait analogue à celle donnée au § 6 pour les corps de caractéristique $\neq 2$. Il faut encore ici traiter séparément le cas $K = \mathbf{F}_2$, en considérant les plans *elliptiques*, c'est-à-dire ceux dans lesquels la restriction de $Q(x)$ est $\xi_1^2 + \xi_1\xi_2 + \xi_2^2$ par rapport à une base symplectique; on remarque ensuite que toute droite non singulière est l'intersection de deux plans elliptiques (le cas singulier $K = \mathbf{F}_2$, $n = 4$, $v = 2$ ayant été exclu).

6) *Pour toute transformation orthogonale $u \in O_n(K, Q)$, il existe un élément inversible $s_u \in C(Q)$, déterminé à un facteur scalaire près, et tel que $u(x) = s_u x s_u^{-1}$ pour tout $x \in E$. Pour que u soit une rotation, il faut et il suffit que s_u soit de degré pair. Réciproquement, pour tout élément inversible $s \in C(Q)$ tel que $s E s^{-1} = E$, la transformation $x \to s x s^{-1}$ de E est une transformation du groupe $O_n(K, Q)$.*

La démonstration se fait comme dans le § 7,3) et 4), en remplaçant les symétries par les transvections orthogonales.

On définit ensuite pour toute rotation $u \in O_n^+$ la *norme spinorielle* $\theta(u) \in K^*/K^{*2}$ comme au § 7; l'image de O_n^+ par cette représentation est le sous-groupe de K^*/K^{*2} engendré par les classes des produits $Q(x)Q(y)$, et son noyau $O_n'(K, Q) = \theta^{-1}(1)$ contient le groupe des commutateurs $\Omega_n(K, Q)$. On notera que $O_n' = O_n^+$ lorsque le corps K est *parfait* (et en particulier lorsque K est *fini*).

Appelons *plan hyperbolique* tout plan non isotrope contenant une droite singulière (et par suite contenant exactement deux telles droites); *transformation hyperbolique* (resp. *rotation hyperbolique*) toute transformation orthogonale (resp. rotation) laissant invariants les éléments d'un sous-espace Q orthogonal à un plan hyperbolique.

7) *Soit P un plan hyperbolique. Toute transformation orthogonale (resp. toute rotation) peut s'écrire $u = sv$, où s est une transformation (resp. rotation) hyperbolique de plan P, et $v \in \Omega_n$. Si P' est un second plan hyperbolique, il existe une transformation $w \in \Omega_n$ telle que $w(P) = P'$.* On raisonne (pour les transformations orthogonales) comme dans le § 8,2), en remarquant qu'une transvection orthogonale est une transformation hyperbolique; en outre, si u est une rotation et $u = sv$, où $v \in \Omega_n$ et s est une transformation hyperbolique de plan P, s est

nécessairement une rotation hyperbolique. La seconde partie de la proposition se démontre comme dans le § 8,3).

8) *Si $n \geq 2$ et $v \geq 1$ (le cas singulier $K = \mathbf{F}_2$, $n = 4$, $v = 2$ étant toujours exclu), la norme spinorielle est une représentation de O_n^+ sur le groupe K^*/K^{*2}, dont le noyau est le groupe des commutateurs Ω_n; le groupe quotient O_n^+/Ω_n est donc isomorphe à K^*/K^{*2}.*

La démonstration se fait comme dans le § 8.

La structure de l'algèbre de CLIFFORD pour $n = 4$ permet encore d'étudier les groupes $O_4(K, Q)$. Soit $(e_i)_{1 \leq i \leq 4}$ une base symplectique telle que $f(e_1, e_3) = f(e_2, e_4) = 1$, $f(e_i, e_j) = 0$ pour tout autre couple d'indices, et posons $Q(e_1) = \alpha$, $Q(e_2) = \beta$, $Q(e_3) = \gamma$, $Q(e_4) = \delta$. Le centre T de $C^+(Q)$ est somme directe de K et de $K\zeta$, où $\zeta = e_1 e_3 + e_2 e_4$, et l'on a $\zeta^2 + \zeta = \Delta$, $\Delta = \alpha\gamma + \beta\delta$ étant le pseudo-discriminant de Q; suivant que Δ est ou non de la forme $\wp(\varrho)$ pour $\varrho \in K$, T est somme directe de deux corps isomorphes à K, ou une extension quadratique séparable de K. D'après le th. de WITT, on est toujours dans le premier cas pour $v = 2$ (cas où on peut supposer $\alpha = \beta = \gamma = \delta = 0$) et toujours dans le second pour $v = 1$ (cas où on peut supposer $\beta = \delta = 0$, $\alpha\gamma$ n'étant pas de la forme $\wp(\varrho)$); l'un ou l'autre cas peuvent se présenter pour $v = 0$.

L'involution J de $C(Q)$ étant définie comme au §7, on a encore le critère suivant, qui se démontre comme dans le cas de caractéristique $\neq 2$ (§ 9,4)):

9) *Pour qu'un élément inversible t de $C^+(Q)$ soit de la forme s_u avec $u \in O_4^+$, il faut et il suffit que $N(t) = tt^J$ appartienne à K.*

Il en résulte que *le groupe $O_4'(K, Q)$ est isomorphe au groupe des éléments inversibles de $C^+(Q)$, de norme $N(t) = 1$.*

Distinguons plusieurs cas:

I. $v = 2$. Alors $C^+(Q)$ est somme directe de deux algèbres simples dont les centres $(1 + \zeta)K$ et ζK sont isomorphes à K; la première a pour base les éléments $1 + \zeta$, $e_1 e_2$, $e_3 e_4$ et $j = e_1 e_2 e_3 e_4$, la seconde les éléments $e_1 e_4$, $e_2 e_3$, $e_1 e_3 \zeta = j + e_1 e_3$ et $e_2 e_4 \zeta = j + e_2 e_4$. On voit facilement que chacune de ces deux algèbres est isomorphe à l'algèbre des matrices d'ordre 2 sur K, et que si on l'identifie avec cette algèbre, la norme $N(t)$ se réduit au déterminant. On en conclut que:

10) *Si $v = 2$, $K \neq \mathbf{F}_2$, le groupe $\Omega_4(K, Q)$ est isomorphe au produit $SL_2(K) \times SL_2(K)$ (dont chacun des facteurs est simple (§ 2)).*

A ce cas se rattache le cas exceptionnel exclu plus haut ($K = \mathbf{F}_2$, $v = 2$). On constate que O_4^+ est alors isomorphe au groupe des éléments de $C^+(Q)$ de norme $N(t) = 1$, et par suite au produit $SL_2(\mathbf{F}_2) \times SL_2(\mathbf{F}_2)$, dont les facteurs sont ici des groupes résolubles d'ordre 6. Le groupe Ω_4, engendré par les produits de transvections (en nombre pair) (J. DIEU-DONNÉ [4], p. 45) est ici un sous-groupe d'indice 2 de O_4^+, et le groupe des commutateurs de O_4^+ est un sous-groupe d'indice 2 de Ω_4, qui est abélien, produit de deux groupes cycliques d'ordre 3.

II. $\nu = 1$. Le centre T de $C^+(Q)$ est ici une extension quadratique séparable de K; on constate que les éléments 1, $e_1 e_2$, $e_3 e_4$ et $j = e_1 e_2 e_3 e_4$ forment une base de $C^+(Q)$ sur T, et on vérifie sans peine que cette algèbre est isomorphe à l'algèbre des matrices d'ordre 2 sur T, et que, si on l'identifie avec cette dernière, $N(t)$ se réduit encore au déterminant. Donc:

11) *Si $\nu = 1$, le groupe $\Omega_4(K, Q)$ est isomorphe au groupe $SL_2(T)$, et est donc simple* (T ayant au moins 4 éléments) (§ 2).

III. $\nu = 0$. Comme signalé plus haut, ce cas se partage en deux autres:

a) $\Delta = \wp(\varrho)$, pour $\varrho \in K$; $C^+(Q)$ est somme directe de deux algèbres simples dont les centres sont respectivement $(\varrho + \zeta)K$ et $(1 + \varrho + \zeta)K$ (on prend $\varrho = 1$ lorsque $\Delta = 0$); la première a pour base les éléments $\varrho + \zeta$, $(\varrho + \zeta)e_1 e_2$, $(\varrho + \zeta)e_3 e_4$, $(\varrho + \zeta)e_1 e_2 e_3 e_4$; elle est isomorphe à l'algèbre de quaternions A_1 sur K, ayant pour table de multiplication

$$i_1^2 = \alpha \beta, \qquad i_2^2 = \gamma \delta, \qquad i_2 i_1 = i_1 i_2 + \varrho \,.$$

La seconde a pour base les éléments $\varrho + \zeta + 1$, $(\varrho + \zeta + 1)e_1 e_4$, $(\varrho + \zeta + 1)e_2 e_3$, $(\varrho + \zeta + 1)(e_1 e_3 + e_1 e_2 e_3 e_4)$; elle est isomorphe à l'algèbre de quaternions A_2 sur K, ayant pour table de multiplication

$$j_1^2 = \alpha \delta, \qquad j_2^2 = \beta \gamma, \qquad j_2 j_1 = j_1 j_2 + \varrho \,.$$

On vérifie aisément qu'en raison de l'hypothèse $\nu = 0$, ces deux algèbres sont des *corps*. En effet, dans A_1, la norme d'un élément $x_0 + x_1 i_1 + x_2 i_2 + x_3 i_1 i_2$ est la forme quadratique

$$x_1^2 + \varrho x_0 x_3 + \alpha \beta \gamma \delta x_3^2 + \alpha \beta x_1^2 + \varrho x_1 x_2 + \gamma \delta x_2^2 \,.$$

Mais il est facile de voir que cette forme est équivalente (à un facteur près) à $Q(z) = \alpha z_1^2 + z_1 z_3 + \gamma z_3^2 + \beta z_2^2 + z_2 z_4 + \delta z_4^2 \left(\text{où } z = \sum_{i=1}^{4} z_i e_i \right)$, par le changement de variables

$$z_1 = x_0 + \alpha \gamma x_3, \qquad z_2 = \alpha x_1 + \delta x_2, \qquad z_3 = \alpha \varrho x_3, \qquad z_4 = \varrho x_2 \,.$$

On traite de même l'algèbre A_2. Par suite, si l'on désigne par N_1 (resp. N_2) *le groupe des éléments de A_1 (resp. A_2) de norme* 1, on voit que $\Omega_4(K, Q)$ *est isomorphe au produit* $N_1 \times N_2$.

b) *Δ n'est pas de la forme $\wp(\varrho)$*. Alors T est une extension quadratique séparable de K, et $C^+(Q)$ est une algèbre de quaternions sur T, ayant pour base les éléments 1, $e_1 e_2$, $e_3 e_4$, $e_1 e_2 e_3 e_4$, dont la table de multiplication est la même que celle de A_1, à cela près que ϱ est remplacé par $1 + \zeta$. La norme dans cette algèbre est encore une forme quadratique équivalente (à un facteur près) à $Q(z)$ considérée comme *forme quadratique sur T*. La relation $\nu = 0$ entraîne encore ici que $Q(z)$ est d'*indice* 0 *sur T*. En effet, s'il y avait un vecteur $x + \zeta y$ tel que $Q(x + \zeta y) = 0$, on en conclurait que les deux vecteurs x, y seraient tels que $Q(x) = \Delta Q(y)$ et $Q(y) = f(x, y)$, et on déduit aisément de là qu'il existerait un vecteur singulier $\neq 0$ dans le plan orthogonal au plan $xK + yK$, compte tenu de l'expression du pseudo-discriminant Δ. Par suite, $C^+(Q)$ est un *corps de quaternions* sur T, et le groupe $\Omega_4(K, Q)$ est isomorphe au *groupe des éléments de norme* 1 de ce corps.

Pour $n \geq 6$, on a le théorème suivant (L. E. DICKSON [1], J. DIEUDONNÉ [4]) :

12) *Si* $n \geq 6$ *et* $v \geq 1$, *le groupe* $\Omega_n(K, Q)$ (Q non défective) *est simple*.

La démonstration donnée par T. TAMAGAWA pour le cas de caractéristique $\neq 2$ s'applique *sans changement* ici (en remplaçant partout les vecteurs isotropes par les vecteurs singuliers), sauf pour démontrer le lemme 13) du § 9 lorsque $K = \mathbf{F}_2$, où il faut encore un petit raisonnement spécial utilisant l'hypothèse $n \geq 6$.

La démonstration prouve en outre que tout sous-groupe distingué de $O_n^+(K, Q)$ ($n \geq 6$, $v \geq 1$) contient le groupe des commutateurs $\Omega_n(K, Q)$.

Notons enfin que le nombre d'éléments du groupe des rotations $O_{2m}^+(\mathbf{F}_q, Q) = \Omega_{2m}(\mathbf{F}_q, Q)$, où $q = 2^h$, est

$$(q^m - 1)(q^{2(m-1)} - 1)q^{2(m-1)} \ldots (q^2 - 1)q^2$$

si $v = m$, et

$$(q^m + 1)(q^{2(m-1)} - 1)q^{2(m-1)} \ldots (q^2 - 1)q^2$$

si $v = m - 1$ (L. E. DICKSON [1], p. 206).

§ 11. Le groupe $O_n(K, Q)$

(K de caractéristique 2, Q forme défective)

Rappelons (chap. I, § 16) que le défaut d de Q est tel que $n - d = 2p$ soit un nombre pair, et qu'on peut toujours considérer $O_n(K, Q)$ comme le sous-groupe du groupe symplectique $Sp_{2p}(K)$ formé des transformations u telles que $Q(u(x)) + Q(x) \in M$, M étant un sous-espace vectoriel de K par rapport à K^2, qu'on peut supposer contenir l'unité; le seul cas à considérer est celui où $M \neq K$, c'est-à-dire où K est *imparfait* (donc *infini*). En outre, la restriction Q_1 de Q à l'espace E_1 de dimension $2p$ que l'on considère est non défective, et la relation $v \geq 1$ entraîne qu'il existe dans E_1 des vecteurs singuliers $\neq 0$. Comme $O_{2p}(K, Q_1)$ est un sous-groupe de $O_n(K, Q)$, le *centre* de $O_n(K, Q)$ est réduit à l'unité (§ 10).

Un vecteur $a \in E_1$ est dit *semi-singulier* si $Q(a) \in M$; toute transformation de $O_n(K, Q)$ transforme un vecteur semi-singulier en un vecteur semi-singulier. Les transvections orthogonales (chap. I, § 16) dont le vecteur a est semi-singulier sont dites *semi-singulières*; une telle transvection $x \to x + \lambda f(x, a)a$ est caractérisée par la condition $\lambda \in M$ (toujours réalisée pour $\lambda = 1$).

1) *Toute transformation orthogonale est un produit de transvections orthogonales.* La démonstration se fait comme pour le cas des formes non défectives, l'hypothèse que K est infini supprimant tout cas singulier (J. DIEUDONNÉ [4], p. 55).

2) *Pour $2p \geq 2$ et $v \geq 1$, le groupe $\Omega_n(K, Q)$ engendré par les transvections semi-singulières est simple.* La démonstration est très analogue à celle de la simplcité du groupe $T_n(K, f)$ engendré par les transvections unitaires (J. DIEUDONNÉ [4], p. 55—58).

3) *Le groupe $\Omega_n(K, Q)$ (pour $2p \geq 2$, $v \geq 1$) est le groupe des commutateurs de $O_n(K, Q)$.* La démonstration donnée dans (J. DIEUDONNÉ [4], p. 59—60) ne s'applique pas au cas $2p = 4$, $v = 2$. Pour traiter aussi ce cas, il suffit (*loc. cit.*) de prouver que si P, P' sont deux plans hyperboliques dans E_1, il existe une transformation de Ω_n qui transforme P en P'. Or, en utilisant l'hypothèse $v \doteq 2$, on peut effectivement démontrer qu'il en est bien ainsi en suivant, à une très légère modification près, la méthode donnée pour le groupe unitaire dans (J. DIEUDONNÉ [13], p. 380—382). La modification est la suivante: étant donnée une base symplectique $(e_i)_{1 \leq i \leq 4}$ de E_1, formée de vecteurs singuliers et telle que $f(e_1, e_2) = f(e_3, e_4) = 1$, $f(e_i, e_j) = 0$ pour les autres couples d'indices $(i < j)$, on montre qu'un produit u de *trois* (au lieu de *deux*) transvections orthogonales de vecteurs $a_k = \lambda_k e_2 + \mu_k e_3$, laisse invariants (globalement) les plans $e_1 K + e_3 K$ et $e_2 K + e_4 K$, et est tel que $u(e_1) = e_1 + e_3 \alpha$, avec $\alpha \neq 0$; il suffit pour cela de remarquer qu'il est possible de trouver dans K six éléments λ_k, μ_k ($1 \leq k \leq 3$) tels que $\lambda_1 + \lambda_2 + \lambda_3 = 0$, $\mu_1 + \mu_2 + \mu_3 = 0$, $\lambda_1 \mu_1 + \lambda_2 \mu_2 + \lambda_3 \mu_3 \neq 0$.

§ 12. Groupes unitaires et groupes orthogonaux correspondant à des formes anisotropes

La plupart des résultats démontrés dans les §§ 4 à 11 sur la structure des groupes orthogonaux et unitaires perdent leur validité lorsque les formes sesquilinéaires ou quadratiques considérées sont *anisotropes*.

Considérons par example un *corps p-adique* rationnel $\mathbf{Q}_p$, et soit f une forme bilinéaire symétrique non dégénérée à $n = 3$ ou $n = 4$ variables sur $\mathbf{Q}_p$, qui soit d'indice 0. On peut alors trouver une base orthogonale de E telle que, par rapport à cette base, *toute* transformation de $O_n(\mathbf{Q}_p, f)$ admette une matrice dont tous les éléments soient des *entiers p-adiques* (M. EICHLER [2], p. 57). Soit alors G_k l'ensemble des transformations $u \in O_n$ dont la matrice est de la forme $I + p^k V$, où V est une matrice dont les éléments sont entiers p-adiques. La remarque précédente montre que G_k est un *sous-groupe distingué* de O_n, et l'on prouve aisément que G_k/G_{k+1} est un p-groupe *abélien* non réduit à l'unité, et que l'intersection des G_k est l'élément neutre de O_n (J. DIEUDONNÉ [11]). La comparaison avec le § 9 montre que ce cas est en quelque sorte à l'opposé du cas où l'indice $v \geqq 1$.

On peut donner des exemples analogues pour les groupes orthogonaux $O_n(K, f)$ à un nombre *quelconque* de variables, ainsi que pour les groupes orthogonaux $O_n(K, Q)$ sur un corps de caractéristique 2 et pour les groupes unitaires $U_n(K, f)$ (J. Dieudonné [4]). En outre, les résultats du § 8 sur les groupes O_n^+/Ω_n et $\Omega_n \cap Z_n$ cessent aussi d'être valables pour les formes anisotropes. Par exemple, pour $K = \mathbf{R}$ (corps des nombres réels), f définie positive, on a $\Omega_n = O_n^+$, bien que le groupe $\mathbf{R}^*/\mathbf{R}^{*2}$ soit d'ordre 2; et on peut donner un exemple d'une forme bilinéaire symétrique anisotrope f à 4 variables sur le corps $\mathbf{Q}$ des nombres rationnels, dont le discriminant est un carré, mais pour laquelle la symétrie $x \to - x$ n'appartient pas au groupe des commutateurs Ω_n (J. Dieudonné [9], p. 93). De même, on peut donner un exemple de groupe unitaire $U_n(K, f)$ à 2 variables sur le corps $\mathbf{Q}(\sqrt{2})$, tel que U_n^+ ne soit pas égal à son groupe des commutateurs, contrastant avec les résultats du § 5 (J. Dieudonné [10], p. 948).

Les exemples précédent sont construits sur des corps K particuliers. On constate aisément que la structure du groupe $O_n(K, f)$ (par exemple) pour une forme anisotrope f *dépend essentiellement du corps de base K*. C'est ainsi qu'il est bien connu que le groupe $O_n^+(\mathbf{R}, f)$, pour une forme anisotrope f, est *simple* pour $n \geqq 3$ et $n \neq 4$, alors que la structure des groupes orthogonaux à 3 variables sur les corps p-adiques, comme il a été vu plus haut, est toute différente.

Les seuls types de corps qui aient jusqu'ici été étudiés de ce point de vue de façon approfondie sont les *corps valués localement compacts* (de caractéristique $\neq 2$) et les *corps de nombres algébriques*. Pour les premiers, la situation décrite ci-dessus pour les corps p-adiques se présente de façon générale (J. Dieudonné [11], M. Eichler [2], p. 57); seuls les cas $n = 3$ et $n = 4$ interviennent pour les corps p-adiques et p-adiques, car pour $n \geqq 5$, toute forme bilinéaire symétrique sur un tel corps est nécessairement d'indice $\geqq 1$ (E. Witt [1], p. 40).

L'étude des groupes orthogonaux sur un *corps de nombres algébriques K* est étroitement liée à la théorie de l'équivalence des formes quadratiques sur un tel corps (chap. I, § 8). Sans entrer dans le détail de cette théorie, signalons que son principe consiste à étudier les formes quadratiques f_p obtenues à partir de la forme f par *extension du corps K à chacun de ses corps locaux K_p* (p place finie ou infinie de K); et les principaux résultats s'expriment de la façon la plus frappante sous forme d'un principe de *«passage du local au global»*: par exemple, pour que f soit d'indice $v \geqq 1$, il faut et il suffit qu'elle soit d'indice $\geqq 1$ dans *chacun* des corps K_p. On est donc amené à la conjecture qu'un principe analogue régit la structure des groupes orthogonaux. Cette conjecture se trouve partiellement confirmée par les travaux de M. KNESER [1], dont le résultat fondamental (améliorant des résultats obtenus antérieurement par J. DIEUDONNÉ [9, 10, 12] par une méthode moins puissante) est que l'on a (pour $\nu = 0$) les trois théorèmes suivants:

A) *Soient* $\mathfrak{p}_i$ $(1 \leq i \leq r)$ *les places à l'infini réelles de K pour lesquelles la forme f est d'indice 0; alors, pour $n \geq 3$, la norme spinorielle définit un isomorphisme de O_n^+/O_n' sur le sous-groupe de K^*/K^{*2} formé des classes des nombres de K qui sont >0 dans chacun des $K_{\mathfrak{p}_i}$.*

B) *Pour $n \geq 2$ et $n \neq 4$, on a $O_n' = \Omega_n$.*

C) *Pour $n \geq 5$, le groupe $P\Omega_n = \Omega_n/(\Omega_n \cap Z_n)$ est simple.*

Pour démontrer A), on observe que pour toute place $\mathfrak{p}$ de K, l'image de $K_\mathfrak{p}^n$ par $x \to f_\mathfrak{p}(x, x)$ est $K_\mathfrak{p}$ tout entier, sauf lorsque $\mathfrak{p}$ est l'un des $\mathfrak{p}_i$ et en outre (pour $n = 3$) lorsque $\mathfrak{p}$ est égal à une des places finies $\mathfrak{q}_j$ (en nombre fini) où f est d'indice 0; pour chaque j, l'image de $K_{\mathfrak{q}_j}^n$ par $x \to f_{\mathfrak{q}_j}(x, x)$ est alors le complémentaire d'une classe mod. $K_{\mathfrak{q}_j}^{*2}$ d'un élément δ_j. Si alors $\gamma \in K$ est >0 dans chaque $K_{\mathfrak{p}_i}$, on considère un élément $\alpha \in K$ qui est de la forme $f_{\mathfrak{p}_i}(x, x)$ dans chaque $K_{\mathfrak{p}_i}$ et qui, en outre, pour tout j, n'appartient pas à la classe mod. $K_{\mathfrak{q}_j}^{*2}$ de $\gamma \delta_j^{-1}$. Il en résulte que α et $\beta = \alpha^{-1}\gamma$ sont de la forme $f_\mathfrak{p}(x, x)$ dans chacun des corps $K_\mathfrak{p}$, donc de la forme $f(x, x)$ dans K en vertu du principe du passage du local au global; on en déduit aisément que la classe de γ mod. K^{*2} est la norme spinorielle d'un produit de deux symétries, d'où A).

Pour prouver B), on considère d'abord le cas $n \leq 3$; tout $t \in O_n^+$ est alors le produit de deux symétries s_a, s_b par rapport à des hyperplans orthogonaux respectivement à a et b; si $t \in O_n'$, on peut supposer que $f(a, a) = f(b, b)$, et s_a et s_b sont alors conjuguées dans O_n en vertu du th. de WITT, donc $t \in \Omega_n$. Pour $n \geq 5$ on écrit encore un élément $t \in O_n^+$ comme produit de symétries s_{a_i} $(1 \leq i \leq m)$ et l'on cherche un plan $P \subset K^n$ contenant des vecteurs b_i tels que $f(b_i, b_i) = f(a_i, a_i)$ pour tout i, de sorte que s_{a_i} et s_{b_i} sont conjugués dans O_n; si t' est le produit des s_{b_i}, $t't^{-1} \in \Omega_n$ et si $t \in O_n'$, on a aussi $t' \in O_n'$. Mais t' peut être considérée comme une rotation dans un sous-espace de dimension 3 contenant P, et l'on est ramené au premier cas. Tout revient donc à l'existence de P. On construit d'abord une forme quadratique dans K^2, $g(y, y) = f(a_1, a_1)(\eta_1^2 - \delta\eta_2^2)$, qui prenne les valeurs $f(a_i, a_i)$ $(1 \leq i \leq m)$, et il suffit pour cela que δ soit norme d'un élément λ du corps L, extension de K engendrée par les racines carrées $\sqrt{f(a_i, a_i)/f(a_1, a_1)}$ pour $2 \leq i \leq m$. Il reste ensuite à voir qu'il existe dans K^n un plan P tel que la restriction de f à P soit équivalente à g, et en vertu du principe du passage du local au global, on peut se borner à vérifier qu'il en est ainsi pour chacun des corps $K_\mathfrak{p}$; l'hypothèse $n \geq 5$ assure la conclusion pour les places $\mathfrak{p}$ finies, et un petit raisonnement supplémentaire montre qu'on peut aussi obtenir le résultat voulu pour les places infinies.

La démonstration de C) est beaucoup plus complexe, et comprend essentiellement deux parties; on considère un sous-groupe distingué N de Ω_n, non contenu dans le centre, et l'on prouve d'abord:

I) *N contient un sous-groupe distingué de O_n non contenu dans le centre.* Pour le voir, on montre en premier lieu que:

1) *N contient une rotation plane $\neq 1$.* En effet, si $u \in N$ n'est pas dans le centre, il y a un plan T tel que $u(T) \neq T$, et (par B)) une rotation plane t de plan T et de norme spinorielle 1 (donc dans Ω_n); alors $v = t^{-1}utu^{-1}$ est $\neq 1$ et dans N, et laisse fixes les éléments d'un sous-espace V de dimension $\geq n - 4$. Soient $x \in V$, y orthogonal à V, S le plan $Kx + Ky$, s une rotation plane de plan S, de norme spinorielle 1 et telle que $s^2 \neq 1$; on voit sans peine que $w = s^{-1}vsv^{-1}$ est la rotation plane cherchée.

Soit W le plan de la rotation w; supposons d'abord que pour toute place infinie réelle $\mathfrak{p}$, $f_\mathfrak{p}$ et sa restriction à l'orthogonal W^0 de W soient toutes deux d'indice 0 ou toutes deux d'indice > 0. Alors les théorèmes A) et B) appliqués à W^0 et à K^n montrent que $O_n(K, f) = \Omega_n(K, f)\,O_{n-2}(K, g)$, où g est la restriction de f à W^0; cela entraîne que tout élément de O_n de la forme sws^{-1} est aussi de la forme twt^{-1} avec $t \in \Omega_n$, et le sous-groupe distingué de O_n engendré par w répond à la question.

Si w ne satisfait pas à la condition précédente, on construit une autre rotation plane $u \in N$ qui y satisfait, de la façon suivante: soit V un sous-espace de dimension 3 contenant W, et soit h la restriction de f à V. On considère les places infinies réelles $\mathfrak{p}$ pour lesquelles $f_\mathfrak{p}$ est d'indice > 0; il est immédiat que pour une telle place, il existe dans $V \otimes_K K_\mathfrak{p}$ un plan $U_\mathfrak{p}$ dont l'orthogonal $U_\mathfrak{p}^0$ dans $K_\mathfrak{p}^n$ contient des vecteurs isotropes; soit $u_\mathfrak{p}$ une rotation plane $\neq 1$ dont le plan est $U_\mathfrak{p}$. Utilisant la simplicité du groupe $O_3^+(\mathbf{R}, h_\mathfrak{p}) = \Omega_3(\mathbf{R}, h_\mathfrak{p})$, $u_\mathfrak{p}$ peut s'écrire sous forme de produit d'éléments de la forme $sws^{-1}tw^{-1}t^{-1}$ avec s, t dans $\Omega_3(\mathbf{R}, h_\mathfrak{p})$, ces produits formant un sous-groupe distingué de $\Omega_3(\mathbf{R}, h_\mathfrak{p})$ non réduit à l'élément neutre. Si $\mathfrak{p}_i$ $(1 \leq i \leq m)$ sont les places infinies réelles considérées, on peut ainsi écrire pour chaque i, $u_{\mathfrak{p}_i} = s_{i1}w s_{i1}^{-1} t_{i1} w^{-1} t_{i1}^{-1} \ldots s_{ik}w s_{ik}^{-1} t_{ik} w^{-1} t_{ik}^{-1}$ avec le *même* entier k pour tout i (il suffit de prendre certains des s_{ij} et t_{ij} égaux à 1) et les s_{ij} et t_{ij} dans $\Omega_3(\mathbf{R}, h_{\mathfrak{p}_i})$ pour $1 \leq j \leq k$. On utilise alors le *lemme d'approximation* suivant:

2) *Supposons données un nombre fini de places $\mathfrak{p}_i$ $(1 \leq i \leq m)$ de K et pour chaque i un élément v_i de $O_n^+(K_{\mathfrak{p}_i}, f_{\mathfrak{p}_i})$ (resp. de $\Omega_n(K_{\mathfrak{p}_i}, f_{\mathfrak{p}_i})$); il existe alors une suite $(v^{(n)})$ d'éléments de $O_n^+(K, f)$ (resp. de $\Omega_n(K, f)$) telle que pour chaque i, la limite de la suite $(v^{(n)})$ dans $O_n(K_{\mathfrak{p}_i}, f_{\mathfrak{p}_i})$ soit v_i.*

Cela résulte facilement du th. d'approximation usuel dans K et de la représentation des v_i comme produits de symétries.

Revenant à la démonstration, on applique le lemme 2) à chacun des s_{ij} et des t_{ij}, et on obtient ainsi un élément $u \in N \cap \Omega_3(K, h)$ aussi voisin que l'on veut de chacun des $u_{\mathfrak{p}_i}$ (dans $\Omega_3(\mathbf{R}, h_{\mathfrak{p}_i})$) pour $1 \leqq i \leqq m$; on voit alors aisément que si u est pris assez voisin des $u_{\mathfrak{p}_i}$, il répond à la question.

On est donc ramené au cas où N est aussi distingué *dans* O_n, et à prouver:

II) *Tout sous-groupe distingué N de O_n non contenu dans le centre et contenu dans Ω_n, est égal à Ω_n.*

On dit qu'un hyperplan H de K^n est *universel* si les images de H et de K^n par $f(x, x)$ sont les mêmes. L'hypothèse $n \geqq 5$ et le principe de passage du local au·global montrent qu'il revient au même de dire que, si a est un vecteur orthogonal à H, on a $f_{\mathfrak{p}}(a, a) > 0$ (resp. < 0) pour toute place infinie réelle $\mathfrak{p}$ pour laquelle la signature de $f_{\mathfrak{p}}$ est $(n - 1, 1)$ (resp. $(1, n - 1)$). On montre alors tout d'abord:

3) *Ω_n est engendré par les produits de symétries $s_x^{-1} s_y s_x s_y^{-1}$ où l'hyperplan orthogonal à x est universel.*

Il suffit (§ 6,4)) de montrer que tout produit $u = s^{-1} t s t^{-1}$ (s, t symétries) est de la forme $s_x^{-1} s_y s_x s_y^{-1}$; u est une rotation plane, et il y a dans son plan un vecteur x orthogonal à un hyperplan universel, en vertu de la caractérisation précédente de tels vecteurs et du th. d'approximation dans K. Alors $u = s_x s_z$ et comme u est de norme spinorielle 1, on peut supposer que $f(z, z) = f(x, x)$; il y a alors une symétrie s_y permutant x et z, d'où la conclusion.

Tout revient donc à prouver que les générateurs de Ω_n considérés dans le lemme 3) appartiennent à N. Cela résulte du lemme suivant:

4) *Si a et b sont deux vecteurs de K^n tels que $a \neq \pm b$, $f(a, a) = f(b, b)$ et si en outre l'hyperplan H de la symétrie échangeant a et b est universel, il existe $t \in N$ tel que $t(a) = b$.*

Supposons en effet ce lemme établi, et, avec les notations de 3), bornons nous au cas où $s_x(y) \neq \pm y$ (sans quoi $s_x^{-1} s_y s_x s_y^{-1} = 1$); alors on applique 4) à y et $s_x(y)$; si $t(y) = s_x(y), t^{-1} s_x = u$ est permutable avec s_y, donc $s_x^{-1} s_y s_x s_y^{-1} = u^{-1}(t^{-1} s_y t s_y^{-1}) u$ est dans N.

Le lemme 4) sera conséquence du lemme:

5) *Sous les hypothèses de 4), il existe $u \in N$ et $c \in K^n$ tels que $f(c, c) = f(a, a)$, $f(a, c) = f(b, c) = f(a, u(a))$.*

En effet, il existe alors v, w dans O_n tels que $v(a) = a$, $v(u(a)) = c$, $w(a) = b$, $w(u(a)) = c$ en vertu du th. de WITT; l'élément $t = (w u w^{-1})^{-1}(v u v^{-1})$ vérifie alors la conclusion de 4).

La démonstration de 5) se fait elle-même en plusieurs étapes:

6) *Il existe $v \in \Omega_n$ tel que $v(a) \in H$, et par suite $f(a, v(a)) = f(b, v(a))$, et que $v(a)$ ne soit pas dans le plan $P = Ka + Kb$.*

En vertu de l'hypothèse sur H, il existe un vecteur $e \in H$ tel que $f(e, e) = f(a, a)$, donc, en vertu du th. de WITT, un $v_1 \in O_n$ tel que $v_1(a) = e$; en multipliant au besoin v_1 par la symétrie par rapport à H, on peut supposer que $v_1 \in O_n^+$. Si g est la restriction de f à H, l'hypothèse que H est universel entraîne que les groupes des normes spinorielles pour f et g sont les mêmes dans K^*/K^{*2}; il existe donc $v_2 \in O_{n-1}(K, g)$ qui, considéré comme élément de $O_n(K, f)$ en le prolongeant par l'identité aux vecteurs orthogonaux à H, vérifie $v_2 v_1 \in O_n'(K, f) = \Omega_n(K, f)$ (utilisant B)); enfin, on peut trouver un $v_3 \in \Omega_{n-1}(K, g)$ tel que $v_3\big(v_2(v_1(a))\big) \notin P$; notant encore v_3 le prolongement canonique de v_3 à K^n, on voit que $v = v_3 v_2 v_1$ répond à la question.

Considérons maintenant le sous-espace P^0 orthogonal à P, et soient $\mathfrak{p}_i$ ($1 \leqq i \leqq m$) les places (finies ou infinies) pour lesquelles la restriction de $f_{\mathfrak{p}_i}$ à $P^0 \otimes_K K_{\mathfrak{p}_i}$ soit anisotrope (places qui sont en nombre fini puisque $\dim P^0 \geqq 3$). Comme $n \geqq 5$, on sait que les groupes $P\Omega_n(K_{\mathfrak{p}_i}, f_{\mathfrak{p}_i})$ sont simples; si w est un élément de N non contenu dans le centre de O_n, on peut donc écrire, pour chaque i, $v = s_{i1} w\, s_{i1}^{-1} t_{i1} w^{-1} t_{i1}^{-1} \ldots s_{ik} w\, s_{ik}^{-1} t_{ik} w^{-1} t_{ik}^{-1}$ avec des s_{ij} et t_{ij} dans $\Omega_n(K_{\mathfrak{p}_i}, f_{\mathfrak{p}_i})$. Appliquant aux s_{ij} et t_{ij} le lemme 2), on en conclut qu'il existe $u \in N$ qui est aussi voisin qu'on veut de v *dans chacun des* $\Omega_n(K_{\mathfrak{p}_i}, f_{\mathfrak{p}_i})$. On applique maintenant le *lemme de continuité* suivant:

7) *Soient L un corps valué complet non discret de caractéristique $\neq 2$, $g(x, x) = \sum_{i,j} \alpha_{ij} \xi_i \xi_j$ une forme quadratique non dégénérée sur L^n; il existe alors un $\varepsilon > 0$ tel que les relations $|\alpha'_{ij} - \alpha_{ij}| \leqq \varepsilon$ pour tout couple (i, j) entraînent que la forme quadratique $g'(x, x) = \sum_{i,j} \alpha'_{ij} \xi_i \xi_j$ est équivalente à $g(x, x)$.*

Cela résulte facilement de l'existence de racines carrées dans L pour tous les éléments assez voisins de 1.

Soit $g(x, x)$ la forme quadratique sur K^3 telle que si (a', b', c') est la base canonique, on ait $g(a', a') = g(a', b') = g(c', c') = f(a, a)$, $g(a', b') = f(a, b)$, $g(a', c') = g(b', c') = f(a, u(a))$. Appliquant 7), on voit qu'on peut prendre u assez voisin de v pour que la forme $g_{\mathfrak{p}_i}$ soit *équivalente à la restriction de $f_{\mathfrak{p}_i}$ au sous-espace Q_i de $K^n_{\mathfrak{p}_i}$ engendré par a, b et $v(a)$ pour tout indice i.* Soit d' un vecteur de K^3 orthogonal (pour g) à a' et b'; ce qui précède montre que pour tout i, il y a un vecteur $d_i \in P^0 \otimes_K K_{\mathfrak{p}_i}$ tel que $f_{\mathfrak{p}_i}(d_i, d_i) = g_{\mathfrak{p}_i}(d', d')$. D'autre part, pour toute place $\mathfrak{p}$ de K distincte des $\mathfrak{p}_i$, la restriction de $f_{\mathfrak{p}}$ à $P^0 \otimes_K K_{\mathfrak{p}}$ est d'indice > 0, donc il existe un $d_{\mathfrak{p}}$ appartenant à ce sous-espace et tel que $f_{\mathfrak{p}}(d_{\mathfrak{p}}, d_{\mathfrak{p}}) = g_{\mathfrak{p}}(d', d')$. Par application du passage du local au global, il existe alors $d \in P^0$ tel que $f(d, d) = g(d', d')$. En vertu du choix de g, on en conclut aussitôt qu'il existe c vérifiant les conditions de 5); ceci termine la démonstration de C).

Il reste à élucider la structure du groupe $O_3(K, f)$ lorsque $\nu = 0$, K étant un corps de nombres algébriques (la structure du groupe $O_4(K, f)$ s'y ramène en vertu des résultats du § 9). On n'a jusqu'à présent de résultats que lorsque K est le corps $\mathbb{Q}$ des rationnels, ou, plus généralement, un corps n'ayant qu'*une seule place infinie réelle*: on peut alors montrer, en utilisant la structure du groupe orthogonal à 3 variables sur un corps p-adique, que, pour $v = 0$, le groupe $O_3(K, f)$ admet une *suite décroissante de sous-groupes distingués G_k, telle que G_k/G_{k+1} soit abélien et l'intersection des G_k réduite à l'élément neutre* (J. DIEUDONNÉ [11]).

Signalons que M. KNESER [1] a obtenu des résultats analogues pour les groupes unitaires sur les corps de nombres algébriques.

§ 13. Les groupes de similitudes $GU_n(K, f)$

Nous nous bornerons au cas où K est *commutatif*. Si Δ et r sont le déterminant et le multiplicateur d'une similitude $u \in GU_n(K, f)$, la relation (23) du chap. I, § 9, donne l'équation

$$\Delta \Delta^J = r^n .$$

Si $n = 2m + 1$ est *impair*, en posant $\Delta = r^m \mu$, on tire de l'équation précédente $r = \mu\mu^J$, d'où $h_\mu^{-1} u \in U_n(K, f)$, h_μ étant l'homothétie $x \to x\mu$; dans ce cas, $GU_n(K, f)$ est *produit* (non direct en général) *du groupe Z_n des homothéties et du groupe unitaire $U_n(K, f)$*. Pour les groupes orthogonaux sur un corps K de caractéristique $\neq 2$, le groupe $GO_n(K, f)$, pour n impair, est *produit direct* de Z_n et du *groupe des rotations $O_n^+(K, f)$* (§ 6,2)).

Si $n = 2m$ est pair, on peut écrire $\Delta = \mu r^m$, où $\mu\mu^J = 1$; les similitudes telles que $\Delta = r^m$ forment un sous-groupe distingué $GU_n^+(K, f)$ de $GU_n(K, f)$, dont les éléments sont appelés *similitudes directes*; pour $J \neq 1$, comme il existe dans $U_n(K, f)$ des transformations dont le déterminant est un élément quelconque de norme 1, le groupe quotient GU_n/GU_n^+ est isomorphe au groupe des éléments de K de norme 1.

Le groupe des *multiplicateurs $M(f)$* des similitudes est le même pour GU_n et GU_n^+ d'après ce qui précède. En outre, si f_0 est la forme anisotrope *réduite* de f (à $2(m - v)$ variables; cf. chap. I, § 11), on a $M(f) = M(f_0)$. En particulier, pour le *groupe symplectique*, $M(f) = K^*$; plus généralement, il en est ainsi lorsque $v = m$. La structure du groupe $M(f)$ pour $n = 2m$ pair, et f *anisotrope*, n'est pas connue en général. On peut seulement montrer (J. DIEUDONNÉ [21]) que $M(f)$ est *sous-groupe* du groupe $N(\Delta)$ des éléments de K_0 (corps des invariants de J) de la forme $a a^J + (-1)^{m-1}\Delta b b^J$; mais en général on a $M(f) \neq N(\Delta)$. Toutefois, si K est un *corps de nombres algébriques*, on peut caractériser complètement le sous-groupe $M(f)$ de $N(\Delta)$ *(loc. cit.)*, aussi bien pour les groupes unitaires $(J \neq 1)$ que pour les groupes orthogonaux.

Pour le groupe $GO_n(K, f)$ des similitudes orthogonales (sur un corps K de caractéristique $\neq 2$), on peut encore exprimer les similitudes à l'aide de l'algèbre de CLIFFORD (M. EICHLER [1, 2]). Pour toute similitude u, de multiplicateur r_u, et pour tout produit $x_1 x_2 \ldots x_{2k}$ d'un nombre pair de vecteurs de E (E étant plongé dans $C(f)$), posons $\tilde{u}(x_1 \ldots x_{2k})$ $= r_u^{-k} u(x_1) \ldots u(x_{2k})$. On montre que cette définition est indépendante de la décomposition de l'élément considéré en produit de vecteurs de E, et que l'application $\tilde{u}$, ainsi définie dans $C^+(f)$, est un automorphisme de cet anneau. Pour que u soit une similitude directe (lorsque $n = 2m$), il faut et il suffit que $\tilde{u}$ laisse invariants les éléments du centre T de $C^+(f)$; dans ce cas, $\tilde{u}$ est un automorphisme intérieur $z \rightarrow s_u z s_u^{-1}$, où s_u est un élément de $C^+(f)$ qui est déterminé à un facteur près appartenant à T. En outre, $s_u s_u^J$ appartient à T, et même à K pour m impair. Pour plus de détail sur les similitudes étudiées de ce point de vue, voir M. WONENBURGER [2].

Chapitre III

Caractérisations géométriques des groupes classiques

§ 1. Le théorème fondamental de la géométrie projective

Soient E, E' deux espaces vectoriels à droite de même dimension n sur deux corps K, K' respectivement. Si K et K' sont isomorphes, une application semi-linéaire bijective u de E sur E' donne, par passage aux quotients, une application bijective $\bar{u}$ de l'espace projectif $P(E)$ sur l'espace projectif $P(E')$, qui transforme toute variété linéaire projective en une variété linéaire projective de même dimension. Le «théorème fondamental de la géométrie projective» est une réciproque de cette propriété. De façon précise:

1) *Soit φ une application bijective de $P(E)$ sur $P(E')$, telle que trois points en ligne droite dans $P(E)$ soient transformés par φ en trois points en ligne droite dans $P(E')$. Alors, si $n \geq 3$, K et K' sont isomorphes et $\varphi = \bar{u}$, où u est une application semi-linéaire bijective de E sur E'.*

On note d'abord que l'hypothèse entraîne que pour toute variété linéaire projective V de dimension $p \leq n - 1$, $\varphi(V)$ est une variété linéaire projective de dimension p. En effet, il est clair que si $a_i K$ ($1 \leq i \leq p + 1$) sont des points de $P(E)$ engendrant V et projectivement indépendants, $\varphi(V)$ est contenue dans la variété linéaire projective V' engendrée par les $p + 1$ points $\varphi(a_i K)$; mais ces points sont projectivement indépendants, sinon, en complétant la famille $(a_i)_{1 \leq i \leq p+1}$ en une base $(a_i)_{1 \leq i \leq n}$ de E, les n points $\varphi(a_i K)$ de $P(E')$ engendreraient une variété linéaire projective de dimension $\leq n - 1$, contrairement à l'hypothèse $\varphi(P(E)) = P(E')$. Si alors $\varphi(V)$ était distincte de la variété V', il y aurait un point de V' image par φ d'un point aK n'appartenant pas à V; l'image par φ de la variété V_1 de dimension $p + 1$ engendrée par V et aK serait contenue dans $\varphi(V)$, donc de dimension p, contrairement à ce qu'on vient de voir.

Considérons alors une base $(e_i)_{1 \leq i \leq n}$ de E, les trois points $e_1 K$, $e_2 K$ et $e_n K$ de $P(E)$ et leurs images $e_1' K' = \varphi(e_1 K)$, $e_2' K' = \varphi(e_2 K)$, $e_n' K' = \varphi(e_n K)$ dans $P(E')$; e_1', e_2' et e_n' sont linéairement indépendants dans E'. Désignons par D la droite projective engendrée par $e_1 K$ et $e_2 K$, par $D' = \varphi(D)$ son image, par F le plan projectif engendré par D et $e_n K$, par $F' = \varphi(F)$ son image. Tout point de F non sur D peut s'écrire d'une seule manière $(e_1 \alpha_1 + e_2 \alpha_2 + e_n) K$, de sorte que le complémentaire de D dans F s'identifie avec l'espace vectoriel $L = e_1 K + e_2 K$; toute droite projective de F, distincte de D, correspond à une droite dans L, et deux droites de F dont l'intersection est dans D correspondent à deux droites parallèles dans L (i.e. déduites l'une de l'autre par une translation). Par une identification semblable du complémentaire de D' dans F' avec l'espace vectoriel $L' = e_1' K' + e_2' K'$, on obtient, à partir de φ, une application bijective g de L sur L', qui transforme toute droite en droite et deux droites parallèles en droites parallèles et est telle que $g(0) = 0$, $g(e_1) = e_1'$, $g(e_2) = e_2'$.

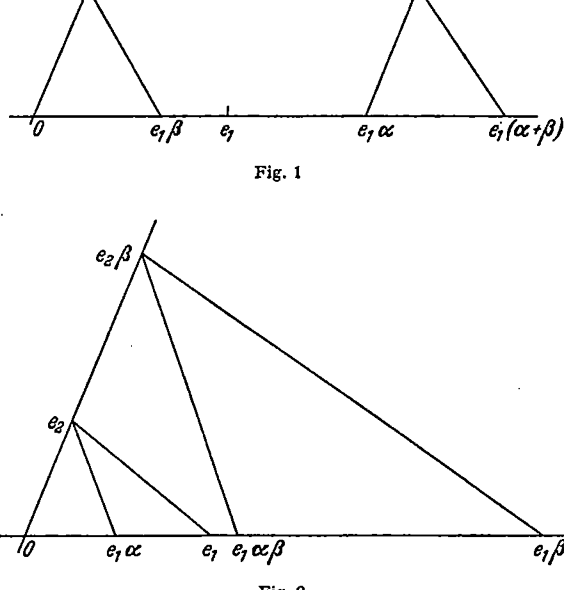

Fig. 1

Fig. 2

Cela étant, les figures ci-dessus montrent comment, par des constructions de droites parallèles dans L, on peut obtenir, étant donnés deux éléments α, β de K, les éléments $\alpha + \beta$ et $\alpha \beta$ comme abscisses de points sur $e_1 K$ (Fig. 1 et 2).

On peut donc écrire $g(e_1\xi) = e_1'\xi^\sigma$, et $\xi \to \xi^\sigma$ est une application bijective de K sur K', telle que $(\xi + \eta)^\sigma = \xi^\sigma + \eta^\sigma$ et $(\xi\eta)^\sigma = \xi^\sigma\eta^\sigma$, autrement dit, un *isomorphisme* de K sur K'. En outre, comme la droite joignant $e_1\xi$ et $e_2\xi$ est parallèle à la droite joignant e_1 et e_2 dans L, on a $g(e_2\xi) = e_2'\xi^\sigma$; enfin, le point $e_1\alpha + e_2\beta$ dans L s'obtient en menant par $e_1\alpha$ et $e_2\beta$ les parallèles respectives à e_2 et e_1, d'où $g(e_1\alpha + e_2\beta) = e_1'\alpha^\sigma + e_2'\beta^\sigma$, et l'on voit que g est une application semi-linéaire (relative à l'isomorphisme σ) de L sur L'.

On raisonne de même sur tout couple de points (e_iK, e_jK) de $P(E)$. Si u est l'application semi-linéaire de E sur E' relative à σ, définie par $u(e_i) = e_i'$ $(1 \leq i \leq n)$, et $\bar{u}$ l'application correspondante de $P(E)$ sur $P(E')$, on voit que $\bar{u}^{-1}\varphi$ est une application de $P(E)$ sur lui-même transformant toute droite en droite, et laissant invariants les points de toute droite joignant deux des points e_iK, e_jK; on en déduit aussitôt que cette transformation laisse invariant tout point de la variété linéaire à p dimensions déterminée par $p + 1$ des points e_iK, par récurrence sur p; pour $p = n - 1$, on obtient la relation $\varphi = \bar{u}$.

Une variante du théorème fondamental est la suivante:

2) *Soit φ une application bijective de $P(E)$ sur $P(E')$, telle que l'image par φ de toute variété linéaire projective de dimension p (où p est un entier fixe tel que $1 \leq p \leq n - 2$) soit contenue dans une variété linéaire de dimension p. Dans ces conditions, si $n \geq 3$, la conclusion de 1) subsiste.*

Le cas $p = 1$ est celui traité dans 1). On s'y ramène par récurrence descendante sur $p \geq 2$; il suffit de montrer que l'image par φ d'une variété linéaire V de dimension $p - 1$ est contenue dans une variété linéaire de dimension $p - 1$.

Or, V est l'intersection des variétés de dimension p qui la contiennent, et les images par φ de ces variétés ne peuvent être toutes contenues dans une même variété de dimension p, sans quoi on aurait $\varphi(P(E)) \neq P(E')$; si W_1 et W_2 sont des variétés de dimension p telles que $V = W_1 \cap W_2$, et que l'on ait $\varphi(W_1) \subset W_1'$, $\varphi(W_2) \subset W_2'$, où W_1' et W_2' sont des variétés linéaires distinctes de dimension p, on a $\varphi(V) \subset W_1' \cap W_2'$, ce qui établit notre assertion.

Pour $E = E'$, les théorèmes précédents caractérisent géométriquement les collinéations de E, autrement dit les éléments du groupe $P\Gamma L_n(K)$. Ils sont évidemment inexacts pour $n = 2$. On peut caractériser dans ce cas les collinéations (ou corrélations) par la propriété de laisser invariants les birapports égaux à un élément du centre de K distinct de 0 et 1 et invariant par l'automorphisme (ou antiautomorphisme) correspondant (G. Ancochea [1], L. K. Hua [7], R. Baer [3], p. 78—93).

Pour $n \geq 3$, le théorème fondamental caractérise aussi les corrélations, en prenant pour E' le *dual E^** de E.

§ 2. Les transformations conservant l' «adjacence»

I. Transformations de grassmanniennes

Les notations étant celles du § 1, soit $G_r(E)$ l'ensemble des variétés linéaires projectives de $P(E)$, de dimension r ($0 \leqq r \leqq n-1$); on a $G_0(E) = P(E)$; pour $r > 0$, on dit que $G_r(E)$ est la *grassmannienne* d'indice r de E. Une transformation semi-linéaire bijective u de E sur E' (lorsqu'il en existe, c'est-à-dire lorsque K et K' sont des corps isomorphes) définit une transformation bijective $\bar{u}_r$ de $G_r(E)$ sur $G_r(E')$ ($\bar{u}_0$ étant la transformation désignée par $\bar{u}$ au § 1). En outre, lorsque $2r = n - 2$, une autre application bijective ω_r de $G_r(E)$ sur $G_r(E^*)$ (E^* dual de E) est définie de la façon suivante: toute variété linéaire projective V de dimension $r = (n-2)/2$ dans $P(E)$ peut s'écrire $V = P(W)$, où W est un sous-espace vectoriel de dimension $r + 1 = n/2$ de E; il lui correspond dans E^* le sous-espace vectoriel «orthogonal» W' des formes linéaires s'annulant dans W, qui est de dimension $n/2$ (en tant qu'espace vectoriel à gauche sur K, ou à droite sur K^0); on pose $\omega_r(V) = P(W')$, variété linéaire projective de dimension r dans $P(E^*)$.

Il s'agit de caractériser «géométriquement» les transformations $\bar{u}_r$ et ω_r pour $r \neq 0$, comme le théorème fondamental de la géométrie projective caractérise les $\bar{u}_0$. On introduit pour cela la notion d'*écart* de deux variétés V_1, V_2 appartenant à $G_r(E)$; si la dimension de $V_1 \cap V_2$ est $r - t$, l'écart de V_1 et V_2 est t; il revient au même de dire que la dimension de la plus petite variété linéaire contenant V_1 et V_2 est $r + t$. Deux variétés linéaires V_1, V_2 de dimension r sont dites *adjacentes* si leur écart est 1. L'écart de deux variétés linéaires V_1, V_2 de $G_r(E)$ peut encore être défini comme le plus petit entier t tel qu'il existe une suite finie (U_i) de $t + 1$ variétés linéaires de $G_r(E)$, telle que $U_1 = V_1$, $U_{t+1} = V_2$, et que U_i et U_{i+1} soient adjacentes pour $1 \leqq i \leqq t$.

Cette dernière remarque montre que, si φ est une application bijective de $G_r(E)$ sur $G_r(E')$, il est équivalent de dire que φ et φ^{-1} *transforment deux variétés adjacentes en variétés adjacentes*, ou que φ *transforme deux variétés en deux variétés de même écart*. La caractérisation cherchée est alors fournie par le théorème suivant (W. L. Chow [1]):

Pour $n \geqq 3$, et $0 < r < n - 2$, toute transformation bijective φ de $G_r(E)$ sur $G_r(E')$, qui transforme deux variétés en deux variétés de même écart, est de la forme $\bar{u}_r$ si $2r \neq n - 2$, u étant une application semi-linéaire bijective de E sur E'; si $2r = n - 2$, φ est de la forme $\bar{u}_r$, ou de la forme $\bar{v}_r \circ \omega_r$, ou v est une application semi-linéaire bijective de E^* sur E'.

Nous nous bornerons à esquisser les grandes lignes de la démonstration:

a) On considère dans $G_r(E)$ les ensembles *maximaux* de variétés linéaires de dimension r *deux à deux adjacentes*, et on montre qu'un tel ensemble consiste, soit en toutes les variétés contenant une même variété linéaire de dimension $r - 1$ (ensemble du premier type), soit en toutes les variétés contenues dans une même variété linéaire de dimension $r + 1$ (ensemble du second type).

b) Le transformé par φ d'un ensemble maximal du premier type est un ensemble maximal dans $G_r(E')$, qui peut *a priori* être du premier ou du second type. Mais si, pour *un* ensemble maximal du premier type $\mathfrak{M}$, $\varphi(\mathfrak{M})$ est du premier type, le transformé par φ de *tout* autre ensemble maximal du premier type $\mathfrak{M}_1$ dans $G_r(E)$ est encore un ensemble du premier type. On se ramène pour cela au cas où $\mathfrak{M}$ et $\mathfrak{M}_1$ correspondent à deux variétés linéaires de dimension $r - 1$ qui sont adjacentes; on remarque alors que $\mathfrak{M} \cap \mathfrak{M}_1$ n'a qu'un seul élément, alors que si un ensemble du premier type et un ensemble du second type ont une intersection non vide, cette intersection a au moins deux éléments.

c) D'après la caractérisation des ensembles maximaux donnée dans a), il résulte de b) qu'il y a une application bijective φ_1 de l'ensemble $G_{r-1}(E)$, soit sur $G_{r-1}(E')$, soit sur $G_{r+1}(E')$; en outre, dire que deux variétés linéaires de dimension $r - 1$ (resp. $r + 1$) sont adjacentes signifie que les ensembles maximaux correspondants ont un élément commun; on en conclut que φ_1 et φ_1^{-1} transforment deux variétés adjacentes en variétés adjacentes.

d) Si $2r \neq n - 2$, on conclut de là que φ_1 transforme $G_{r-1}(E)$ en $G_{r-1}(E')$: en effet, si $2r < n - 2$, l'écart de deux variétés linéaires de dimension $r - 1$ est au plus r, tandis que deux variétés linéaires de dimension $r + 1$ peuvent avoir un écart égal à $r + 1$; de même, si $2r > n - 2$, l'écart de deux variétés linéaires de dimension $r + 1$ est au plus $n - r - 1$, tandis qu'il y a des variétés linéaires de dimension $r - 1$ qui ont un écart au moins égal à $n - r$. Par récurrence descendante on définit ainsi une application bijective ψ de $P(E)$ sur $P(E')$ qui est telle que $\psi(V) = \varphi(V)$ pour toute variété linéaire de dimension r dans $P(E)$; le résultat 2) du § 1 permet de conclure.

e) Si $2r = n - 2$, et si φ transforme tout ensemble maximal du premier type en ensemble maximal du second type, $\varphi \circ \omega_r^{-1}$ transforme tout ensemble maximal du premier type de $P(E^*)$ en ensemble maximal du premier type dans $P(E')$, et on peut lui appliquer le résultat précédent, ce qui achève la démonstration.

§ 3. Les transformations conservant l'«adjacence»
II. Transformations d'espaces de variétés isotropes

Supposons maintenant donnée sur E une forme sesquilinéaire $f(x, y)$ non dégénérée, hermitienne ou antihermitienne; si K est de caractéristique 2, nous supposerons que f est une forme tracique (chap. I, § 10). En outre, nous supposerons que l'*indice* $r + 1$ de f est au moins égal à 1; nous dirons qu'une variété linéaire V dans $P(E)$ est *isotrope* (resp. *totalement isotrope*) si elle est de la forme $P(W)$, où W est un sous-espace isotrope (resp. totalement isotrope) de E (pour la forme f) et nous désignerons par $N_s(E)$ (ou N_s) l'ensemble des variétés totalement isotropes de $P(E)$ qui sont *de dimension s*. Une semi-similitude $u \in \varGamma U_n(K, f)$ définit évidemment une transformation bijective $\bar{u}_r$ de N_r sur lui-même, et il s'agit encore ici de caractériser géométriquement ces transformations. Cette caractérisation est donnée par le théorème suivant, très analogue à celui du § 2 (W. L. CHOW [1], J. DIEUDONNÉ [8]):

Pour $2 \leqq r \leqq \left[\dfrac{n-2}{2}\right]$ *(et par suite $n \geqq 6$), toute transformation bijective φ de $N_r(E)$ sur lui-même, telle que φ et φ^{-1} transforment deux variétés adjacentes en variétés adjacentes, est de la forme $\bar{u}_r$, où u est une semi-similitude.*

On utilise les propriétés des sous-espaces totalement isotropes (chap. I, § 11) pour établir d'abord les deux lemmes suivants:

a) Soient V_1, V_2 deux variétés totalement isotropes de même dimension $s \leqq r$; alors il existe deux variétés totalement isotropes W_1, W_2 de dimension maxima r, telles que $V_1 \subset W_1$, $V_2 \subset W_2$ et $W_1 \cap W_2 = V_1 \cap V_2$.

b) Soient V_1, V_2 deux variétés totalement isotropes de même dimension $s \leqq r$, et soit $s - t$ la dimension de leur intersection; il existe alors une suite finie $(W_k)_{1 \leqq k \leqq t+1}$ de variétés totalement isotropes de dimension s, telles que $W_1 = V_1$, $W_{t+1} = V_2$, et que W_k et W_{k+1} soient adjacentes pour $1 \leqq k \leqq t$.

Comme dans le § 2, on considère alors les ensembles *maximaux* de variétés totalement isotropes de dimension r, *deux à deux adjacentes*. On établit successivement les propriétés suivantes:

c) Tout ensemble maximal est formé des variétés totalement isotropes contenant une même variété totalement isotrope de dimension $r - 1$.

d) Comme le transformé par φ (resp. φ^{-1}) d'un ensemble maximal est un ensemble maximal, cela permet, d'après c), de définir une application bijective φ_1 de l'ensemble $N_{r-1}(E)$ des variétés totalement isotropes de dimension $r - 1$, sur lui-même. On montre en outre (en utilisant a)) que φ_1 et φ_1^{-1} transforment deux variétés adjacentes en variétés adjacentes, et que les transformées par φ_1 des variétés totalement isotropes de dimension $r - 1$ contenues dans une variété totalement isotrope V de dimension r, sont les variétés totalement isotropes de dimension $r - 1$ contenues dans $\varphi(V)$.

e) Par récurrence descendante sur la dimension s, on définit ainsi une application bijective φ_{r-s} de l'ensemble $N_s(E)$ sur lui-même, telle que cette application et sa réciproque transforment deux variétés adjacentes en variétés adjacentes. Pour $s = 0$, on aboutit ainsi à une application bijective $g = \varphi_r$ de l'ensemble $N_0(E)$ des *points isotropes* de $P(E)$, sur lui-même. Cette transformation a la propriété que, si $V = P(W)$ est une variété totalement isotrope de dimension $s \leq r$, l'ensemble $g(V)$ des transformés par g des points de V est $\varphi_{r-s}(V)$. L'hypothèse $r \geq 2$ permet alors d'appliquer le théorème fondamental de la géométrie projective (§ 1), et par suite, pour toute variété totalement isotrope $V = P(W)$ de dimension r, si l'on pose $\varphi(V) = P(W')$, la restriction de g à V est de la forme $\bar{u}_W$, où u_W est une *application semi-linéaire* bijective de W sur W'. En outre, pour toutes les variétés V de $N_r(E)$, l'automorphisme de K correspondant à l'application u_W est *le même* à un automorphisme intérieur près, et peut donc être pris le même pour toutes les $V \in N_r(E)$: on le voit d'abord pour deux variétés adjacentes V_1, V_2, puis on applique b).

Lorsque n est pair et la forme f *alternée*, on a $N_0(E) = P(E)$; g est alors une application bijective de $P(E)$ sur lui-même, qui a la propriété de transformer deux points orthogonaux (pour la forme f) en deux points orthogonaux ; comme tout hyperplan de $P(E)$ est alors formé de points orthogonaux à un de ses points, g transforme tout hyperplan en un hyperplan, et le théorème fondamental de la géométrie projective montre que $g = \bar{u}$, où u est une application semi-linéaire de E sur lui-même. En prenant une base symplectique de E et en écrivant que u transforme deux vecteurs orthogonaux en vecteurs orthogonaux, on constate aisément que u est une semi-similitude.

f) Dans le cas général, considérons deux variétés V_1, V_2 de $N_r(E)$ n'ayant aucun point commun, et soit U_0 la variété linéaire projective de dimension $2r + 1$ qu'elles engendrent. On montre d'abord que, si $U_0 = P(W_0)$, il existe une application semi-linéaire bijective v_0 de W_0 sur un sous-espace de E de dimension $2r + 2$, telle que, pour tout point isotrope $x \in U_0$, on ait $\bar{v}_0(x) = g(x)$ (W. L. Chow [1], p. 47). On forme ensuite une suite croissante U_0, U_1, ..., U_{n-2r-2} de variétés linéaires projectives dans $P(E)$, telle que U_{k+1} soit la variété linéaire engendrée par U_k et par un point isotrope non orthogonal à U_k ; on montre alors que, si $U_k = P(W_k)$, il est possible de définir par récurrence une suite v_0, v_1, ..., $v_{n-2r-2} = u$ d'applications semi-linéaires bijectives, telle que v_k soit définie dans W_k, que v_{k+1} prolonge v_k, et que, pour tout point isotrope $x \in U_k$, on ait $\bar{v}_k(x) = g(x)$ (J. Dieudonné [8], p. 298—299). L'application semi-linéaire bijective u de E sur lui-même est alors telle que $\bar{u}(V) = \varphi(V)$ pour toute variété V de $N_r(E)$; en outre, on montre qu'elle transforme deux vecteurs orthogonaux en vecteurs orthogonaux, en utilisant le fait qu'une droite isotrope mais non totalement isotrope est caractérisée par la propriété de ne contenir qu'un seul point isotrope, et par suite est transformée en une droite de même nature par $\bar{u}$; la fin du raisonnement est alors la même que dans e).

6*

Remarques. — 1) Au lieu de considérer les transformations de $N_r(E)$ sur lui-même qui conservent l'adjacence, on peut plus généralement envisager un second espace E' de même dimension que E, une forme sesquilinéaire f' non dégénérée, hermitienne ou antihermitienne, définie dans $E' \times E'$ et de même indice $r + 1$ que f, et considérer les transformations bijectives φ de $N_r(E)$ sur $N_r(E')$ qui conservent l'adjacence, ainsi que leur réciproque. La même démonstration montre que les corps des scalaires K, K' de E, E' doivent être alors isomorphes, et que l'on a $\varphi = \bar{u}_r$, où u est une transformation semi-linéaire bijective de E sur E', telle que l'on ait identiquement $f'(u(x), u(y)) = \mu(f(x, y))^\sigma$, où σ est l'isomorphisme de K sur K' correspondant à u, et μ un élément de K' non nul.

2) Les raisonnements précédents s'étendent aisément au cas où K est de caractéristique 2, Q une forme quadratique non défective sur E, d'indice $r + 1 \geqq 1$; si l'on appelle *singulières* les variétés linéaires projectives $V = P(W)$ de $P(E)$ telles que W soit singulière dans E (pour la forme Q), et si l'on désigne par $N_s(E)$ l'ensemble des variétés singulières de dimension $s \leqq r$, le théorème énoncé au début de ce paragraphe est encore valable, et sa démonstration est inchangée, à cela près qu'il faut remplacer partout les variétés totalement isotropes par les variétés singulières (J. DIEUDONNÉ [8]).

3) Le théorème démontré plus haut sous la condition $r \geqq 2$ est inexact pour $r = 0$, puisqu'alors la condition d'«adjacence» est trivialement remplie par deux variétés quelconques de $N_r(E)$; il est aussi inexact pour $r = 1$, $n = 4$ lorsque K est commutatif et f une forme bilinéaire symétrique: cela résulte de ce que $N_r(E)$ est alors réunion de deux sous-ensembles N_r^+ et N_r^- tels que deux variétés appartenant à l'un d'eux ne soient jamais adjacentes, alors qu'une variété de N_r^+ et une variété de N_r^- le sont toujours (propriétés classiques des «génératrices des quadriques»; voir chap. II, § 6, et ci-dessous, § 4); toute transformation φ qui permute entre elles de façon quelconques les variétés de N_r^+, d'une part, et celles de N_r^-, de l'autre, répond donc à l'énoncé du théorème. On ignore si le théorème est valable dans d'autres cas lorsque $r = 1$.

4) Les résultats de CHOW entraînent comme cas particuliers plusieurs théorèmes démontrés antérieurement par L. K. HUA [1, 2, 4, 6] et exprimés en langage de la théorie des matrices. Considérons par exemple le cas où E est de dimension paire $2m$, la forme f étant alternée (et par suite K commutatif). Soit $(e_i)_{1 \leqq i \leqq 2m}$ une base symplectique de E pour cette forme; pour conserver les notations de HUA, associons à chaque vecteur de E la matrice à une ligne et $2m$ colonnes formée par ses composantes sur (e_i), et pour m vecteurs $z_1, \ldots, z_m$, désignons par (X, Y) la matrice à m lignes et $2m$ colonnes dont les lignes sont les z_i,

X et Y étant des matrices carrées d'ordre m. Si $z'_1, \ldots, z'_m$ sont m autres vecteurs, (X', Y') la matrice correspondante, on vérifie aussitôt que la matrice $(f(z_i, z'_j))$ n'est autre que

$$F(X, Y, X', Y') = (X, Y) \begin{pmatrix} 0 & I_m \\ -I_m & 0 \end{pmatrix} \begin{pmatrix} {}^t X' \\ {}^t Y' \end{pmatrix}.$$

La condition exprimant que les m vecteurs z_i sont deux à deux orthogonaux est donc, sous forme matricielle

$$F(X, Y, X, Y) = 0. \tag{1}$$

En outre, pour que le sous-espace W (totalement isotrope) engendré par les z_i soit de dimension m, il faut et il suffit évidemment que la matrice (X, Y) soit de rang m. Lorsqu'un couple (X, Y) de matrices carrées d'ordre m vérifie ces conditions, HUA dit que c'est un *couple symétrique*; si par exemple Y est de rang m, la condition (1) s'écrit $(Y^{-1}X) = {}^t(Y^{-1}X)$ et signifie donc que la matrice $Z = Y^{-1}X$ est symétrique. Pour que deux couples symétriques (X, Y), (X_1, Y_1) définissent le même sous-espace totalement isotrope W, il faut et il suffit qu'il existe une matrice carrée inversible Q d'ordre m telle que $(X_1, Y_1) = Q(X, Y)$, ce qui donne $Y_1^{-1}X_1 = Y^{-1}X$ lorsque Y et Y_1 sont inversibles. L'espace $N_{m-1}(E)$ peut donc être identifié à l'ensemble des classes de couples symétriques, pour la relation d'équivalence précédente, ou encore à l'ensemble des matrices symétriques d'ordre m, «complété» par l'adjonction d'«éléments à l'infini» (correspondant aux matrices Y non inversibles). On montre en outre que si $V = P(W)$, $V_1 = P(W_1)$ correspondent aux deux couples (X, Y), (X_1, Y_1), l'écart de V et V_1 est égal au rang de la matrice carrée $F(X, Y, X_1, Y_1)$ (ou au rang de la différence $Z_1 - Z$ des matrices symétriques correspondantes, si Y et Y_1 sont inversibles). Il est alors facile d'interpréter, à l'aide de ces définitions, le théorème de CHOW; il est intéressant de remarquer que, dans ce langage, la transformation φ s'écrit, sous forme «non homogène»

$$Z \to a(AZ^\sigma + B)(CZ^\sigma + D)^{-1}$$

où $a \in K$ et les matrices carrées A, B, C, D sont soumises aux conditions

$$A \cdot {}^tB = B \cdot {}^tA, \quad C \cdot {}^tD = D \cdot {}^tC, \quad A \cdot {}^tD - B \cdot {}^tC = I.$$

§ 4. Les transformations conservant l'«adjacence»

II. Transformations d'espaces de variétés isotropes (suite)

Les notations étant les mêmes qu'au § 3, supposons que K soit commutatif et de caractéristique $\neq 2$, que f soit une forme bilinéaire symétrique, et que n soit *pair* et r égal à sa valeur *maxima* $(n-2)/2$. On a déjà signalé (chap. II, § 6) que l'espace $N_r(E)$ se décompose alors en deux classes d'intransitivité $N_r^+(E)$, $N_r^-(E)$ pour le groupe des rotations $O_n^+(K, f)$ (ou plutôt son image dans le groupe projectif); en outre, si V_1, V_2 sont deux variétés de $N_r(E)$, pour qu'elles appartiennent à la même classe d'intransitivité, il faut et il suffit que la dimension de $V_1 \cap V_2$ soit de la forme $r - 2k$ (k entier); on dit alors que V_1 et V_2 sont *adjacentes* si $V_1 \cap V_2$ est de dimension $r - 2$. Avec ces définitions, on a le théorème suivant (W. L. Chow [1]):

Pour $r \geq 4$, toute transformation bijective φ de $N_r^+(E)$ sur lui-même telle que φ et φ^{-1} transforment deux variétés adjacentes en variétés adjacentes, est de la forme $\bar{u}_r$, où u est une semi-similitude.

On considère encore les ensembles *maximaux* de variétés linéaires appartenant à $N_r^+(E)$, *deux à deux adjacentes*, et l'on établit successivement les propriétés suivantes:

a) Un ensemble maximal est formé, soit des variétés de $N_r^+(E)$ ayant une intersection de dimension $r - 1$ avec une même variété de $N_r^-(E)$ (ensemble du premier type), soit des variétés de $N_r^+(E)$ contenant une même variété totalement isotrope de dimension $r - 3$ (ensemble du second type).

b) Le transformé par φ d'un ensemble maximal du premier type est un ensemble maximal, qui *a priori* peut être du premier ou du second type. Mais si pour *un* ensemble maximal du premier type $\mathfrak{M}$, $\varphi(\mathfrak{M})$ est du premier type, le transformé par φ de *tout* autre ensemble maximal du premier type est encore du premier type.

c) Si $r \geq 4$, le transformé d'un ensemble maximal du premier type ne peut être du second type. On en déduit qu'il est possible de prolonger φ à $N_r(E)$ tout entier, de façon que φ vérifie les hypothèses du théorème du § 3, et il suffit d'appliquer ce dernier pour achever la démonstration.

On peut préciser les semi-similitudes u telles que $\bar{u}_r$ transforme $N_r^+(E)$ en lui-même: on voit aisément que si V est une variété de $N_r^+(E)$, il y a une semi-similitude v ayant même rapport et même automorphisme que u, et laissant V invariant; $v^{-1}u$ est alors une transformation orthogonale qui transforme V en une autre variété de $N_r^+(E)$, et par suite est nécessairement une *rotation*.

Remarques. — 1) On peut étendre le résultat précédent au cas où on considère deux espaces distincts E, E' et une application φ de $N_r^+(E)$ sur $N_r^+(E')$ (voir § 3).

2) Si K est de caractéristique 2, Q une forme quadratique non défective d'indice maximum sur E, on a vu que $N_r(E)$ se décompose encore en deux classes d'intransitivité $N_r^+(E)$, $N_r^-(E)$ pour le groupe des rotations $O_n^+(K, Q)$ (chap. II, § 10); les résultats précédents s'étendent sans modification aux transformations de $N_r^+(E)$.

3) Pour $r = 1$ et $r = 2$, le théorème de Chow est inexact, car la condition d'«adjacence» est vérifiée pour deux variétés quelconques

de $N_r^+(E)$. Le cas $r = 3$ est également exceptionnel: il existe alors en effet une application bijective de $N^-(E)$ sur $N_0(E)$ transformant deux variétés «adjacentes» en deux points isotropes orthogonaux, comme il résulte de la théorie de la «trialité» (C. CHEVALLEY [1], chap. IV); une telle application définit une application bijective φ_0 de $N_r^+(E)$ sur lui-même, qui transforme un ensemble maximal du premier type en ensemble maximal du second type. On en conclut immédiatement que toute transformation φ répondant aux conditions du théorème est, soit de la forme $\bar{u}_r$, soit de la forme $\varphi_0\bar{u}_r$.

4) En traduisant en langage de matrices le théorème de CHOW, on obtient cette fois un théorème sur l'ensemble des matrices symétriques gauches, «complété» convenablement à l'infini.

5) Supposons K commutatif et de caractéristique $\neq 2$; alors les grassmanniennes $G_r(E)$, les espaces $N_r(E)$ pour $n = 2r + 2$ et pour une forme f alternée ou symétrique, et l'espace $N_r^+(E)$ pour $n = 2r + 2$ et f symétrique, sont des *variétés algébriques irréductibles* sans singularités que l'on peut plonger dans un espace projectif S. Dans ces conditions, W. L. CHOW [1] a démontré que toute transformation *birationnelle et birégulière* d'une de ces variétés sur elle-même est induite par une transformation de $GL(E)$, sauf pour $N_3^+(E)$. L'idée de la méthode consiste à traduire les notions d'«adjacence» introduites aux §§ 3 et 4 en notions géométriques dans S: deux points sont «adjacents» dans $G_r(E)$ ou $N_r(E)$ lorsque la droite qui les joint est tout entière dans $G_r(E)$ (resp. $N_r(E)$); deux points sont «adjacents» dans $N_r^+(E)$ quand ils sont sur une conique contenue dans $N_r^+(E)$. Tout revient alors à démontrer que toute transformation birationnelle et birégulière des variétés considérées transforme une droite en droite (resp. une conique en conique), ce qui se fait en étudiant les systèmes complets sans point de base sur ces variétés, et en particulier le système engendré par les sections hyperplanes de ces variétés.

Dans les cas où K est le corps des nombres complexes, on peut, dans le théorème précédent, remplacer l'hypothèse que la transformation est birationnelle et birégulière, par l'hypothèse qu'elle est *bijective et analytique*; le raisonnement est analogue, en remplaçant les systèmes linéaires complets par les classes d'homologie (W. L. CHOW [1]).

§ 5. Autres caractérisations de groupes classiques

Soient K un corps commutatif de caractéristique $\neq 2$, E un espace vectoriel de dimension $n \geq 2$ sur K, $f(x, y)$ une forme bilinéaire symétrique non dégénérée sur E. Pour que tout vecteur $x \in E$ soit tel que $f(x, x)$ soit un *carré* dans K, il faut et il suffit que K soit un corps *pythagoricien* (c'est-à-dire que toute somme de deux carrés soit un carré) et qu'il existe une base orthogonale $(e_i)_{1 \leq i \leq n}$ de E telle que $f(e_i, e_i) = 1$ pour

$1 \leq i \leq n$. En outre, pour que la forme f soit *anisotrope*, il faut et il suffit que -1 ne soit pas une somme de carrés dans K, autrement dit que K soit *ordonnable*. La géométrie euclidienne usuelle sur le corps des nombres réels est le type des cas où les conditions précédentes sont vérifiées. Ces conditions entraînent la propriété de *«libre mobilité»* dans E, que l'on peut formuler de façon suivante: K étant supposé *ordonné*, on appelle *chaîne i-dimensionnelle de demi-espaces incidents* une suite $(H_k)_{1 \leq k \leq i}$ définie à partir d'une famille libre $(a_k)_{1 \leq k \leq i}$ de i vecteurs de E, H_k étant l'ensemble des combinaisons linéaires $\sum_{j=1}^{k} \lambda_j a_j$, où le *dernier* coefficient λ_k est ≥ 0. La propriété de «libre mobilité» consiste en ce que, sous les conditions énumérées plus haut, étant données deux chaînes *n-dimensionnelles* de demi-espaces incidents, il existe *une transformation et une seule* du groupe orthogonal $O_n(K, f)$ qui transforme l'une de ces chaînes en l'autre. Le «problème de HELMHOLTZ» consiste à caractériser les sous-groupes de $GL_n(K)$ ayant la propriété de libre mobilité. La problème a été mainte fois traité lorsque K est le corps des nombres réels, le plus souvent au moyen de méthodes infinitésimales (voir une bibliographie dans G. PICKERT [1]). Il a été abordé et résolu sous sa forme la plus générale par R. BAER [1], qui suppose K ordonné, mais non nécessairement commutatif, et démontre le théorème suivant:

Si le sous-groupe G de $GL_n(K)$ a la propriété de libre mobilité (pour un $n \geq 3$), K est nécessairement commutatif et pythagoricien, et G est le groupe orthogonal $O_n(K, f)$ relatif à une forme bilinéaire symétrique non dégénérée $f(x, y)$ telle que $f(x, x)$ soit un carré $\neq 0$ dans K pour tout $x \neq 0$ dans E.

L'idée de la démonstration consiste à prouver, à l'aide de la propriété de libre mobilité, que pour tout sous espace V de E, il existe une involution et une seule $u \in G$ ayant pour sous-espace positif V; en associant à V le sous-espace négatif de cette involution, on définit une «relation d'orthogonalité» entre sous-espaces de E, qui définit en particulier une application bijective de l'ensemble des droites de E sur l'ensemble des hyperplans, autrement dit, une application bijective de $P(E)$ sur $P(E^*)$ (E^* dual de E); comme cette application transforme les droites de $P(E)$ en droites de $P(E^*)$, le théorème fondamental de la géométrie projective est applicable, et montre que l'«orthogonalité» définie ci-dessus coïncide avec la relation d'orthogonalité correspondant à une forme sesquilinéaire réflexive $f(x, y)$ sur E, nécessairement anisotrope. En outre, la propriété de libre mobilité entraîne assez aisément que deux droites de E peuvent être transformées l'une dans l'autre par un produit d'involutions de G; il est plus délicat de démontrer que f est une forme symétrique, et par suite K un corps commutatif pythagoricien. Enfin, en remarquant ques les involutions de G sont identiques aux involutions de $O_n(K, f)$, on achève la demonstration.

Le théorème est encore valable pour $n = 2$, lorsqu'on suppose que K est un corps ordonné commutatif *euclidien*, c'est-à-dire tel que tout élément $\geqq 0$ de K soit un carré (R. BAER [1]).

En outre, R. BAER [1] a démontré que la propriété analogue à la «libre mobilité», mais où on remplace les chaînes n-dimensionnelles par les chaînes $(n - 1)$-dimensionnelles, caractérise les *sous-groupes de rotations* $O_n^+(K, f)$ des groupes orthogonaux $O_n(K, f)$ ayant la propriété de libre mobilité, pour $n \geqq 3$. Un exemple de G. PICKERT ([1], p. 498) montre que ce résultat cesse d'être valable pour $n = 2$.

J. TITS [1] a caractérisé les groupes projectifs $PGL_2(K)$ sur un corps commutatif K en les considérant comme groupes de permutations de la droite projective $P_1(K)$, par des propriétés de *transitivité*: un tel groupe est en effet *triplement transitif*, en entendant par là que si (a, b, c), (a', b', c') sont deux triplets quelconques de points de $P_1(K)$, dont chacun est formé de points distincts, il existe *une et une seule* transformation du groupe qui transforme a en a', b en b', c en c'. Cette condition n'est pas suffisante à elle seule pour caractériser les groupes $PGL_2(K)$; mais J. TITS a énoncé *(loc. cit.)* diverses conditions supplémentaires qui, jointes à la propriété de triple transitivité, entraînent que le groupe considéré est isomorphe à un groupe $PGL_2(K)$. Ces conditions sont inspirées de définitions et constructions classiques de géométrie projective; par exemple, un groupe triplement transitif G de permutations d'un ensemble E est isomorphe à un groupe $PGL_2(K)$ si, pour tout couple d'éléments distincts a, b de E, tout couple de transformations de G qui laissent invariants a et b, est formé de transformations permutables. Ces méthodes ont d'ailleurs permis à J. TITS [1] de déterminer complètement tous les groupes triplement transitifs finis. Il a étendu ses résultats aux groupes projectifs $PGL_n(K)$ sur un corps commutatif, n étant quelconque (J. TITS [2]): un groupe G de permutations d'un ensemble E est dit *à peu près n-uplement transitif* s'il existe dans G des «repères» formés de n points tels que seule l'identité laisse invariant chacun de ces points, et si, pour deux «repères» quelconques (a_i) et (b_i) il existe une (et une seule) transformation de G amenant chaque a_i en b_i $(1 \leqq i \leqq n)$. Une étude approfondie de cette notion lui permet de caractériser les groupes $PGL_n(K)$ parmi les groupes à peu près n-uplement transitifs.

Une autre caractérisation des groupes $PGL_2(K)$ $(K$ commutatif et de caractéristique $\neq 2)$ a été donnée par F. BACHMANN [1]; elle repose sur le fait que toute transformation de ce groupe peut s'écrire comme produit de deux involutions (comme il résulte immédiatement de l'isomorphie de $PGL_2(K)$ et d'un groupe de rotations $O_3^+(K, f)$ où f est d'indice 1, vue au chap. II, § 9, et du fait que toute rotation est alors

produit de deux renversements, comme on l'a signalé au chap. II, § 6).
F. BACHMANN montre comment on peut caractériser $PGL_2(K)$ parmi
les groupes ayant la propriété précédente, par quatre conditions supplémentaires qui ne font invervenir que les involutions du groupe et leurs
produits, et la propriété d'un tel produit d'être ou de ne pas être une
involution. A. SCHMIDT [1] et F. BACHMANN [1] ont donné des caracté-
risations analogues des groupes $O_3^+(K, f)$ où K est de caractéristique $\neq 2$
et f d'indice 0 (groupes que l'on peut considérer comme les *groupes de
déplacements d'une géométrie non euclidienne elliptique*). C'est aussi à l'aide
des involutions que R. BAER [2] a caractérisé ces groupes par plusieurs
autres systèmes de conditions. Le plus remarquable est sans doute le
suivant: à tout groupe G associons deux ensembles P (ensemble des
«points») et H (ensemble des «hyperplans») dont chacun est en correspondance biunivoque avec G. On définit ensuite la relation «le point p est
dans l'hyperplan h» par la condition que ph est une involution de G
(p et h étant identifiés aux éléments correspondants de G). Ceci permet de
définir une notion de «dépendance linéaire» dans P: p dépend linéairement d'un ensemble de points S s'il est dans tout hyperplan contenant tous
les points de S. On définit ensuite les «variétés linéaires» dans P comme
les sous-ensembles M tels que tout point dépendant linéairement de M
soit dans M. Cela étant, pour que les «variétés linéaires» dans P satis-
fassent aux axiomes de la géométrie projective à $n > 1$ dimensions, il faut
et il suffit que G soit isomorphe à un groupe de déplacements d'une géométrie elliptique, auquel cas on a d'ailleurs $n = 3$.

Chapitre IV

Automorphismes et isomorphismes des groupes classiques

§ 1. Automorphismes des groupes $GL_n(K)$

La plupart des méthodes connues pour déterminer les automorphismes
d'un groupe classique G (ou les isomorphismes d'un tel groupe sur un
groupe de même nature) reposent sur la considération des *involutions*
du groupe G, et sur le fait qu'un automorphisme (resp. un isomorphisme)
transforme une involution en involution. L'étude des involutions des
groupes classiques, faite au chap. I, montre qu'on peut leur associer
de façon intrinsèque des *sous-espaces* de l'espace où opère le groupe;
un automorphisme de G induit donc une transformation entre ces sous-
espaces, et, dans la plupart des cas, le théorème fondamental de la
géométrie projective (chap. III, § 1) permet de voir que cette transformation provient d'une collinéation ou d'une corrélation, ce qui
conduit finalement à la détermination des automorphismes de G.

Nous commencerons par l'étude des automorphismes d'un groupe $GL_n(K)$, où K est un corps commutatif ou non; la forme différente des involutions de $GL_n(K)$, suivant que K a une caractéristique $\neq 2$ ou égale à 2, conduit à étudier séparément ces deux cas.

I. $n \geqq 3$, K *est de caractéristique* $\neq 2$. Nous dirons qu'une $(p, n - p)$-involution (chap. I, § 3) est *extrémale* si on a $p = 1$ ou $p = n - 1$. La première étape consiste à prouver que:

1) *Tout automorphisme φ de $GL_n(K)$ transforme une involution extrémale en une involution extrémale.*

Il s'agit pour cela de caractériser les involutions extrémales parmi toutes les involutions de $GL_n(K)$, par des propriétés qui ne fassent intervenir que la structure de groupe de $GL_n(K)$, et non sa définition à partir de l'espace vectoriel E de dimension n où il opère. On peut procéder de plusieurs manières, en développant des idées qui ont leur origine dans un mémoire de G. W. Mackey [1]. La méthode la plus rapide est sans doute la suivante (J. Dieudonné [7], p. 5): on considère dans $GL_n(K)$ les *ensembles maximaux d'involutions conjuguées* (dans $GL_n(K)$) *et deux à deux permutables*. En utilisant le fait qu'une transformation permutant avec une involution de $GL_n(K)$ conserve les sous-espaces propres de cette involution, on voit aisément qu'un tel ensemble d'involutions a $\binom{n}{p}$ éléments s'il est composé de $(p, n - p)$-involutions, et que toute $(p, n - p)$-involution appartient à un tel ensemble (au moins); d'où la caractérisation cherchée des involutions extrémales.

L'autre méthode, développée par C. Rickart [1], également à partir d'idées de G. W. Mackey [1], se rattache davantage à la suite du raisonnement et s'étend, comme on le verra (§§ 3, 4 et 7), à d'autres groupes classiques. De façon générale, si S est un ensemble d'involutions dans $GL_n(K)$, désignons par $c(S)$ l'ensemble des involutions qui permutent avec toutes les involutions de S. Pour deux involutions *permutables* u, v, désignons par $\nu(u, v)$ le nombre des éléments de $c(c(u, v))$; et, pour toute involution u, désignons par $\nu(u)$ le maximum des nombres $\nu(u, v)$ lorsque v parcourt l'ensemble des involutions permutables avec u. On peut alors montrer que, pour $n > 3$, on a $\nu(u) = 16$ si u n'est pas extrémale, et $\nu(u) = 8$ dans le cas contraire, ce qui donne une nouvelle caractérisation des involutions extrémales (pour $n = 2$ ou $n = 3$, toute involution est extrémale).

L'étape suivante du raisonnement consiste à considérer, avec Mackey, les *couples minimaux* d'involutions extrémales: par définition, deux involutions extrémales u, v forment un couple minimal si elles ne sont pas permutables et ont un sous-espace propre en commun. On montre alors que:

2) *Tout automorphisme φ de $GL_n(K)$ transforme un couple minimal d'involutions extrémales en un couple minimal.*

Il s'agit encore ici de caractériser les couples minimaux par des propriétés ne faisant intervenir que la structure de groupe. La méthode imaginée par MACKEY *(loc. cit.)* repose sur la propriété suivante: si u et v sont deux involutions extrémales *non permutables*, elles forment un couple minimal si et seulement si, pour tout couple d'involutions extrémales non permutables u', v' appartenant à $c(c(u, v))$, on a $c(c(u', v')) = c(c(u, v))$.

A partir de là, on peut procéder de deux manières différentes (pour $n \geq 3$). La première consiste à associer à chaque involution extrémale le couple (D, H) formé des sous-espaces propres de cette involution, consistant en une droite D et un hyperplan H tels que $D \oplus H = E$; l'automorphisme φ définit donc une permutation ψ de l'ensemble de ces couples. Disons que deux couples minimaux (u_1, v_1), (u_2, v_2) d'involutions extrémales sont *semblables* si les dimensions des sous-espaces propres communs à u_1, v_1 d'une part, à u_2, v_2 de l'autre, sont les mêmes; on montre alors aisément que φ transforme deux couples minimaux semblables en couples minimaux semblables (C. RICKART [1], p. 459). D'après 2), ψ transforme donc tous les couples (D, H) correspondant à la même droite D, soit en un ensemble de couples correspondant à la même droite, soit en un ensemble de couples correspondant au même hyperplan, et c'est toujours le même cas qui se présente, quelle que soit la droite D considérée. La permutation ψ définit donc une application bijective θ, soit de $P(E)$ sur lui-même, soit de $P(E)$ sur $P(E^*)$. En outre, si on considère trois droites distinctes D_1, D_2, D_3 de E situées dans un même plan, et un hyperplan H ne contenant aucune de ces droites, il est facile de voir que, si u_i désigne l'involution correspondant au couple (D_i, H) $(i = 1, 2, 3)$, chacune des u_i appartient à l'ensemble $c(c(u_j, u_k))$ déterminé par les deux autres; d'où l'on conclut sans peine que θ transforme les trois points en ligne droite D_1, D_2, D_3 de $P(E)$ en trois points en ligne droite. On peut donc appliquer le th. fondamental de la géométrie projective (chap. III, § 1), et il existe, soit une collinéation g de E telle que $\bar{g} = \theta$, soit une corrélation h de E sur E^* telle que $\bar{h} = \theta$. Dans le premier cas, φ coïncide avec l'automorphisme $u \to gug^{-1}$ pour toutes les involutions extrémales, et dans le second, avec l'automorphisme $u \to h^{-1}\breve{u}\,h$, $\breve{u}$ désignant la contragrédiente de u. Supposons par exemple qu'on soit dans le premier cas. Comme toute transvection est le produit de deux involutions extrémales, et que $SL_n(K)$ est engendré par les transvections, les automorphismes φ et $u \to gug^{-1}$ coïncident dans $SL_n(K)$. En considérant l'automorphisme $u \to g^{-1}\varphi(u)g$ on se ramène au cas des automorphismes φ_0 laissant invariantes toutes les transvections de $GL_n(K)$; mais si t est une transvection quelconque, u un élément arbitraire de $GL_n(K)$, utu^{-1} est une transvection, donc $\varphi_0(u)\,t(\varphi_0(u))^{-1} = utu^{-1}$, ce qui montre que $u^{-1}\varphi_0(u)$ est permutable avec toute transvection, donc laisse invariante toute droite de E, et est par suite une *homothétie centrale* $\chi(u)$; il est clair d'ailleurs que $u \to \chi(u)$ est un homomorphisme de GL_n dans son centre Z_n. On voit donc finalement que l'on a, dans le cas envisagé,

$$\varphi(u) = \chi(u)\, gug^{-1} \tag{1}$$

χ *étant un homomorphisme de* $GL_n(K)$ *dans son centre* Z_n, *et g une collinéation de E*. En écrivant que la restriction de φ à Z_n est bijective, on trouve pour χ la condition nécessaire suivante: Z_n étant identifié au groupe multiplicatif Z^* du centre de K, la relation $\chi(\zeta) = \zeta^{-1}$ doit impliquer $\zeta = 1$. Il est immédiat que cette condition est suffisante.

Si on était dans le second cas, on trouverait de même

$$\varphi(u) = \chi(u)\, h^{-1}\breve{u}\, h\,, \tag{2}$$

χ *étant un homomorphisme de* $GL_n(K)$ *dans son centre* Z_n (soumis à la même condition) *et h une corrélation de E sur E**.

L'autre méthode pour obtenir ces résultats consiste à utiliser le fait, rappelé ci-dessus, que toute transvection est un produit de deux involutions extrémales formant un couple minimal, et réciproquement. Il en résulte que φ transforme toute transvection en transvection. On utilise ensuite un raisonnement de O. SCHREIER et B. L. VAN DER WAERDEN ([1], p. 315—316), basé sur le fait que le produit de deux transvections t_1, t_2 n'est une transvection que si t_1 et t_2 ont, ou bien même hyperplan, ou bien même droite. Un sous-groupe de $GL_n(K)$ ne peut donc être formé de transvections (et de l'identité) que s'il est un groupe $T(H)$ formé des transvections ayant même hyperplan H, ou un groupe $T(D)$ formé des transvections ayant même droite D; en outre, une transvection ne peut appartenir à $T(D) \cap T(H)$ que si $D \subset H$, et un groupe $T(H)$ ne peut être conjugué d'un groupe $T(D)$ dans $GL_n(K)$. On déduit aussitôt des ces remarques que φ définit une application bijective θ de $P(E)$ sur $P(E)$ ou sur $P(E^*)$; et, dans le premier cas, par exemple, θ transforme les points d'un hyperplan en les points d'un hyperplan, ce qui permet de terminer le raisonnement comme ci-dessus.

II. $n \geq 3$, *K est de caractéristique* 2. Les transvections sont ici les $(1, n-1)$-involutions de $GL_n(K)$; il suffit de les distinguer des autres involutions par une propriété ne faisant intervenir que la structure de groupe; la méthode de SCHREIER-VAN DER WAERDEN, rappelée ci-dessus, conduit alors à la même conclusion que dans le cas I. Il n'y a de problème que pour $n \geq 4$. Pour $n \geq 6$, on aboutit à la distinction cherchée en remarquant que le produit de deux transvections permutables est une transvection ou une $(2, n-2)$-involution, tandis que le produit de deux

$(p,\ n-p)$-involutions permutables peut appartenir à plus de deux classes d'éléments conjugués dans $GL_n(K)$ si $p > 1$ (J. Dieudonné [7], p. 14). Pour $n = 4$ ou $n = 5$, il s'agit de distinguer entre les deux classes C_1, C_2 d'involutions dans $GL_n(K)$. Pour cela, on considère, pour une involution u, l'ensemble $P^*(u)$ des involutions permutables avec u et n'appartenant pas à la classe de u, puis l'ensemble $P^{**}(u)$ des involutions permutables avec toutes celles de $P^*(u)$ et appartenant à la classe de u. Si u est une transvection, le produit de deux éléments de $P^{**}(u)$ est dans la classe de u, mais il n'en est pas ainsi si u n'est pas une transvection, d'où la distinction cherchée.

III. $n = 2$. Si K est de caractéristique 2, le raisonnement de II prouve encore que φ transforme les transvections en transvections et par suite détermine une application bijective de la droite projective $P_1(K)$ sur elle-même. On peut toujours supposer que cette application laisse invariant un point (choisi comme point à l'infini) de $P_1(K)$ et par suite définit une application bijective $t \to t^\sigma$ de K sur lui-même; on peut même faire en sorte que $0^\sigma = 0$, $1^\sigma = 1$. En outre, en utilisant le fait que, si s et t sont des transvections, il en est de même de sts^{-1}, on montre facilement que l'on a les deux relations $(x + y)^\sigma = x^\sigma + y^\sigma$, et $(xyx)^\sigma = x^\sigma y^\sigma x^\sigma$ (O. Schreier-B. L. van der Waerden [1], p. 317—318). Il résulte alors d'un théorème de L. K. Hua [7] que $t \to t^\sigma$ est nécessairement un automorphisme ou un antiautomorphisme de K, et il est facile alors de conclure que φ est donné par une des deux formules (1) ou (2).

La même méthode a été employée par O. Schreier et B. L. van der Waerden pour un corps *commutatif* K de caractéristique $\neq 2$, mais leur raisonnement contient une erreur dans la démonstration du fait que φ transforme (au signe près) une transvection en transvection. Ce point a été démontré par L. K. Hua ([5], p. 756), qui a remarqué que l'on peut (pour un corps K commutatif) caractériser les transvections t par les propriétés suivantes: si K est de caractéristique $p \neq 0$, on a $t^{2p} = 1$; si K est de caractéristique 0, les transvections sont les seules transformations de $SL_2(K)$ telles qu'il existe une infinité de transformations de $SL_2(K)$ conjuguées de t et permutables avec t. La détermination de φ par les formules (1) ou (2) est donc encore valable dans ce cas.

Enfin, en s'appuyant sur ce dernier résultat, L. K. Hua [9] a pu montrer que tout automorphisme de $GL_2(K)$ est encore donné par les formules (1) et (2) lorsque K est un corps non commutatif quelconque. Le problème de la détermination des automorphismes de $GL_n(K)$ est donc complètement résolu.

Remarques. — 1) Les automorphismes du groupe $\Gamma L_n(K)$ des collinéations de E sont encore donnés (pour $n \geq 3$) par les formules (1) et (2), où cette fois χ est une application de $\Gamma L_n(K)$ dans Z_n, satisfaisant à la relation $\chi(u_1 u_2) = (\chi(u_2))^{\sigma_1} \chi(u_1)$, σ_1 étant l'automorphisme de K correspondant à u_1 (C. RICKART [3]). Il suffit en effet de montrer que les involutions extrémales de $GL_n(K)$ sont encore transformées en involutions extrémales par un tel automorphisme. Supposons d'abord K de caractéristique $\neq 2$; en tenant compte de la caractérisation des involutions dans $\Gamma L_n(K)$, donnée au chap. I, § 3, on voit aisément que, pour toute involution u de $\Gamma L_n(K)$ n'appartenant pas à $GL_n(K)$, il existe un système de 2^n involutions conjuguées de u (dans $\Gamma L_n(K)$) et deux à deux permutables (J. DIEUDONNÉ [7], p. 9); cela suffit à distinguer ces involutions des involutions extrémales. Si au contraire K est de caractéristique 2, il suffit d'observer que, si u_1, u_2 sont deux involutions de $\Gamma L_n(K)$ n'appartenant pas à $GL_n(K)$, conjuguées et permutables dans $\Gamma L_n(K)$, leur produit appartient à $GL_n(K)$ et ne peut donc être conjugué à u_1, contrairement à ce qui se passe lorsque u_1 et u_2 sont des transvections (J. DIEUDONNÉ [7], p. 17); ce dernier raisonnement s'applique aussi pour $n = 2$, et donne donc les automorphismes de $\Gamma L_2(K)$ lorsque K est de caractéristique 2.

2) C. RICKART [1, 3] a montré comment ses méthodes s'étendent à la détermination des automorphismes de groupes linéaires $GL(E)$ lorsque E est un espace vectoriel de dimension infinie sur un corps quelconque K de caractéristique $\neq 2$. C'est d'ailleurs en traitant un problème analogue (pour K réel ou complexe) que MACKEY [1] avait introduit sa méthode des «couples minimaux».

Signalons aussi une autre généralisation, due à G. EHRLICH [1], où $GL_n(K)$ est remplacé par le groupe des éléments inversibles de l'anneau «régulier» associé à une «géométrie continue» de VON NEUMANN.

§ 2. Automorphismes des groupes $SL_n(K)$

Il est immédiat que tout automorphisme φ du groupe $GL_n(K)$, donné par les formules (1) ou (2), induit sur $SL_n(K)$ un automorphisme de ce groupe, pourvu que la restriction de χ à $SL_n(K)$ soit une représentation de ce groupe dans son centre. Comme $SL_n(K)$ est son propre groupe des commutateurs sauf lorsque $n = 2$ et $K = \mathbf{F}_2$ ou $K = \mathbf{F}_3$ (chap. II, § 2), on a nécessairement $\chi = 1$ sauf peut-être dans les deux cas précités; mais, pour $n = 2$ et $K = \mathbf{F}_2$, le centre de SL_2 est réduit à l'unité, et pour $n = 2$, $K = \mathbf{F}_3$, l'indice dans SL_2 du groupe des commutateurs est égal à 3 alors que le centre est d'ordre 2, donc dans tous les cas χ est nécessairement égal à 1.

Il s'agit de savoir si, inversement, *tout automorphisme de $SL_n(K)$ est induit par un automorphisme de $GL_n(K)$*. Nous allons voir que le problème est résolu dans l'affirmative, sauf un seul cas qui reste ouvert.

En premier lieu, si K est de caractéristique $\neq 2$ et si n est *impair*, $SL_n(K)$ contient les $(1, n-1)$-involutions, et les raisonnements du § 1 s'appliquent donc pour $n > 3$. Il en est de même si K est non commutatif et de caractéristique $\neq 2$ et si -1 appartient au groupe des commutateurs de K^* (ce qui est le cas, par exemple, pour le corps des quaternions); car alors toute involution de $GL_n(K)$ appartient à $SL_n(K)$. Enfin, si K est de caractéristique 2, les transvections appartiennent à $SL_n(K)$; toutefois, la méthode décrite au § 1 utilise le fait que deux involutions de même type $(p, n-p)$ (où $2p \leq n$) sont conjuguées dans le groupe $GL_n(K)$; elles sont encore conjuguées dans $SL_n(K)$ si $2p < n$, mais non nécessairement si $n = 2p$. On constate cependant que le raisonnement montrant qu'un automorphisme de $GL_n(K)$ transforme une transvection en transvection s'applique encore sans modification aux automorphismes de $SL_n(K)$, sauf pour $n = 4$. Dans ce dernier cas, il faut utiliser une autre méthode pour démontrer ce fait; la méthode indiquée dans (J. DIEUDONNÉ [7], p. 19) repose sur une assertion inexacte; cette erreur a été corrigée par L. K. HUA et C. H. WAN [1], et la conclusion est que pour K de caractéristique 2, les automorphismes de $SL_n(K)$ sont induits par ceux de $GL_n(K)$ pour tout $n \geq 2$.

Il reste à considérer le cas où n est pair, K est de caractéristique $\neq 2$ et -1 n'appartient pas au groupe des commutateurs C de K^*. Alors les involutions extrémales de $GL_n(K)$ n'appartiennent plus à $SL_n(K)$; pour $n \geq 6$, on peut appliquer aux $(2, n-2)$-involutions (qui appartiennent toujours à $SL_n(K)$) des méthodes analogues à celles du § 1 et montrer ainsi que tout automorphisme de $SL_n(K)$ est encore induit par un automorphisme de $GL_n(K)$ (J. DIEUDONNÉ [7], p. 20—21). Le même résultat a été établi par L. K. HUA [9] pour $n = 4$ par une tout autre méthode: il étudie d'abord les automorphismes du groupe $SL_n^+(K)$ formé des transformations linéaires dont le déterminant est l'unité ou l'image de -1 dans K^*/C, et montre que ces automorphismes sont induits par ceux de $GL_n(K)$; en s'appuyant sur ce résultat, et par un raisonnement assez compliqué, il parvient finalement à déterminer les automorphismes de $SL_4(K)$ dans le cas considéré.

En ce qui concerne enfin les automorphismes de $SL_2(K)$, tout revient (comme ce groupe peut ne contenir aucune involution distincte de l'identité) à caractériser les transvections par des propriétés ne faisant intervenir que la structure de groupe; on a vu à la fin du § 1 que cela est possible lorsque K est commutatif. L. K. HUA et C. H. WAN [1] ont montré aussi que lorsque K est non commutatif et de caractéristique $p > 0$, les transvections sont les éléments d'ordre p du groupe $SL_2(K)$. Le seul cas qui reste ouvert est donc celui où K est non commutatif, de caractéristique 0, et où -1 n'appartient pas au groupe des commutateurs de K^*.

§ 3. Automorphismes des groupes $Sp_{2m}(K)$

On sait que le groupe symplectique $Sp_2(K)$ est identique au groupe unimodulaire $SL_2(K)$ (chap. II, § 4), et ses automorphismes sont donc connus puisque K est commutatif (§ 2). On peut donc se borner aux dimensions $2m \geq 4$; le résultat est alors le suivant:

Tout automorphisme φ du groupe symplectique $Sp_{2m}(K)$ peut s'écrire sous la forme $\varphi(u) = gug^{-1}$, où g appartient au groupe $\Gamma Sp_{2m}(K)$ (chap. I, § 9), à l'exception du cas $m = 2$, K de caractéristique 2.

Les méthodes de démonstration, ici encore, diffèrent suivant que K est ou non de caractéristique 2.

1. *K est de caractéristique $\neq 2$.* Une première méthode utilise les involutions du groupe $Sp_{2m}(K)$. Une telle involution est dite ici *extrémale* si elle est de type $(2, 2m - 2)$ ou $(2m - 2, 2)$; on distingue les involutions de type $(2p, 2m - p)$ par le fait qu'un système maximal de telles involutions (nécessairement conjuguées) deux à deux permutables comporte $\binom{m}{p}$ éléments. Une autre méthode consiste à considérer le nombre $\nu(u)$ défini au § 1, et à montrer que $\nu(u) = 16$ si u n'est pas extrémale, $\nu(u) = 8$ dans le cas contraire, pour $2m \geq 8$ (pour $2m = 4$ ou $2m = 6$, toutes les involutions sont extrémales) (C. RICKART [2]).

On introduit ensuite la notion de *couple minimal* d'involutions extrémales: pour $2m \geq 6$, ce sont les couples (u, v) formés de deux involutions extrémales, dont les sous-espaces propres de dimension 2 ont une intersection de dimension 1. On montre alors que le critère de MACKEY (pour les couples minimaux de $GL_n(K)$) caractérise encore ici les couples minimaux, et par suite que tout automorphisme de $Sp_{2m}(K)$ transforme un couple minimal en couple minimal (J. DIEUDONNÉ [7], p. 26; C. RICKART [2], p. 710). Pour $2m = 4$, on appelle *couple minimal* d'involutions tout couple (u, v) d'involutions non permutables tel que l'un des sous-espaces propres de u ait une intersection de dimension 1 avec un des sous-espaces propres de v. On caractérise alors les couples minimaux parmi tous les couples d'involutions (u, v) en étudiant la structure du centralisateur d'un couple (u, v), qui se trouve être résoluble lorsque (u, v) est un couple minimal, et non dans les autres cas (tout au moins si $K \neq \mathbf{F}_3$; si $K = \mathbf{F}_3$, les deux groupes n'ont pas le même ordre dans les deux cas).

Ayant caractérisé ainsi les couples minimaux, il faut ensuite, en utilisant cette caractérisation, montrer que si $I(D)$ est l'ensemble des involutions extrémales dont le sous-espace propre de dimension 2 contient une même droite D, tout automorphisme de $Sp_{2m}(K)$ transforme $I(D)$ en un ensemble $I(D')$; cela s'établit assez aisément pour $2m \geq 6$ (J. DIEUDONNÉ [7], p. 26—27; C. RICKART [2], p. 711—712); mais pour $2m = 4$, il faut un raisonnement différent et beaucoup plus long (J. Dieudonné [7], p. 29—30). Posant alors $\psi(D) = D'$, on voit que ψ est une application bijective de $P(E)$ sur lui-même qui transforme deux droites orthogonales de E en droites orthogonales, et par suite transforme les points de $P(E)$ situés dans un même hyperplan en des points d'un même hyperplan. Le th. fondamental de la géométrie projective (chap. III, § 1) est alors applicable, et conduit aussitôt au résultat final.

L. K. Hua [5] a obtenu ce résultat par une méthode toute différente, qui consiste à raisonner par récurrence sur m, en s'appuyant sur la connaissance des automorphismes du groupe $SL_2(K)$ (§ 2): tout automorphisme φ de $Sp_{2m}(K)$ transformant les involutions extrémales en involutions extrémales, on peut se ramener au cas où φ laisse invariante une involution extrémale, et par suite aussi le centralisateur Γ de cette involution, qui est produit direct d'un groupe $Sp_2(K) = SL_2(K)$ et d'un groupe $Sp_{2m-2}(K)$. Utilisant l'hypothèse de récurrence, on se ramène au cas où φ laisse invariants les éléments de $Sp_{2m-2}(K)$. On parvient enfin au résultat final en examinant la façon dont φ transforme certains sous-groupes de Γ.

II. *K est de caractéristique* 2. Il s'agit ici encore de caractériser les transvections par des propriétés de structure de groupe, parmi les autres involutions de $Sp_{2m}(K)$. On y parvient pour $m \geq 3$ par l'étude du centralisateur d'une involution dans $Sp_{2m}(K)$ (chap. I, § 14), et en montrant (par récurrence sur m) qu'un groupe $Sp_{2m}(K)$ ne peut pas être isomorphe à un groupe $Sp_{2q}(K)$ pour $q < m$. Les raisonnements analogues à ceux du § 1 (pour un corps K de caractéristique 2) achèvent de démontrer le théorème.

Le théorème ne s'applique pas au cas où $m = 2$ et où K est parfait et de caractéristique 2. Supposons qu'il existe un automorphisme σ de K tel que σ^2 soit l'automorphisme $x \to x^2$ de K; alors on peut montrer (J. Tits [4]) qu'il y a des automorphismes de $Sp_4(K)$ qui transforment les transvections en (2,2)-involutions (la démonstration de la non-existence de tels automorphismes donnée dans J. Dieudonné [7], p. 37—38 est erronée). Si en particulier K est un corps à 2^n éléments, l'existence de l'automorphisme σ est équivalente au fait que n est *impair*; on peut alors montrer que les automorphismes exceptionnels précédents et les automorphismes définis au début de ce paragraphe engendrent le groupe de tous les automorphismes de $Sp_4(K)$ (R. Steinberg [1]); la détermination complète du groupe des automorphismes de $Sp_4(K)$ pour les autres corps de caractéristique 2 ne semble pas avoir été faite, sauf lorsque K est algébriquement clos (R. Steinberg [1], p. 614).

En particulier, on retrouve ainsi le fait connu que le groupe symétrique $\mathfrak{S}_6$, qui est isomorphe à $Sp_4(\mathbf{F}_2)$, admet des automorphismes non intérieurs.

§ 4. Automorphismes des groupes $U_n(K, f)$

(K corps de caractéristique $\neq 2$)

Nous supposons que f est une forme *hermitienne* tracique sur un corps K *de caractéristique* $\neq 2$. Dans ces conditions:

Pour $n \geq 3$, tout automorphisme du groupe unitaire $U_n(K, f)$ peut s'écrire sous la forme $\varphi(u) = \chi(u)gug^{-1}$, où g appartient au groupe $\Gamma U_n(K, f)$, et χ est un homomorphisme de $U_n(K, f)$ dans son centre.

La première étape, comme dans les §§ précédents, consiste à caractériser les involutions extrémales de $U_n(K, f)$, qui ici ne sont autres que les *symétries* par rapport aux hyperplans non isotropes de E. On y parvient (pour $n \geq 4$, le seul cas où le problème se pose) par la méthode de MACKEY-RICKART décrite au § 1: pour toute involution u de $U_n(K, f)$, on a $\nu(u) = 16$ si u n'est pas extrémale, $\nu(u) = 8$ dans le cas contraire. Tout automorphisme φ de $U_n(K, f)$ transforme donc une symétrie en une symétrie, et par suite définit une transformation bijective ψ de l'ensemble des droites *non isotropes* de E sur lui-même, qui transforme deux droites orthogonales en droites orthogonales. Lorsque l'indice de f est 0, on peut donc appliquer à ψ le th. fondamental de la géométrie projective (chap. III, § 1), et le théorème en résulte comme dans les §§ précédents (C. RICKART [2]).

Si au contraire il existe des droites isotropes dans E, il faut montrer qu'on peut étendre ψ à $P(E)$ tout entier, de façon que ψ transforme encore deux droites orthogonales de E (isotropes ou non) en droites orthogonales. On note d'abord que ψ transforme toutes les droites non isotropes d'un même plan non isotrope P en droites non isotropes d'un même plan $\psi(P)$, en remarquant que les droites de P sont orthogonales à un système de $n - 2$ droites non isotropes et deux à deux orthogonales dans E, et réciproquement. De la même façon on montre que si P_1, P_2 sont deux plans non isotropes dont l'intersection est isotrope et la somme (de dimension 3) non isotrope, leurs transformés $\psi(P_1)$, $\psi(P_2)$ ont les mêmes propriétés.

Supposons alors $n \geq 4$, et soit Δ une droite isotrope; il s'agit de prouver que si P parcourt l'ensemble $I(\Delta)$ des plans non isotropes contenant Δ, les plans $\psi(P)$ contiennent une même droite isotrope $\psi(\Delta)$. On montre que cela découle de la proposition suivante (J. DIEUDONNÉ [7], p. 48—49): si P est un plan non isotrope, D une droite non isotrope dans P, et a, b, c trois points distincts de D, il existe un quatrième point d dans P, non sur D et tel que les vecteurs $d - a$, $d - b$, $d - c$ soient non isotropes. Pour démontrer ce résultat, on peut évidemment supposer que $c = 0$; on peut alors prendre d sur la droite D' orthogonale à D et passant par 0, pourvu que la fonction $\xi \to \xi \alpha \xi^J$ (α élément symétrique de K) prenne plus de deux valeurs $\neq 0$ dans K.

Par un raisonnement analogue à celui de (J. DIEUDONNÉ [13], p. 374), on constate que cette dernière propriété est toujours vraie lorsque K est un corps infini (si K est non commutatif, on considère le sous-corps de K, centralisateur de α); il en est de même si K est fini et si le sous-corps K_0 des invariants de J a plus de 5 éléments. Le cas $K_0 = \mathbf{F}_5$ se traite par un raisonnement voisin, mais le cas $K_0 = \mathbf{F}_3$ nécessite des méthodes différentes (J. DIEUDONNÉ [7], p. 50—51 et 76—77) pour établir l'existence de la droite $\psi(\Delta)$. Cela fait, on peut de nouveau appliquer le th. fondamental de la géométrie projective comme ci-dessus.

Reste enfin le cas $n = 3$; pour le cas $J \neq 1$, un raisonnement de géométrie projective plane permet encore d'étendre ψ à $P(E)$ tout entier, pourvu que K ait plus de 25 éléments (J. DIEUDONNÉ [7], p. 77—78). Le même raisonnement s'appliquerait pour les groupes orthogonaux, pourvu que K ait un nombre d'éléments assez grand; mais il est plus simple d'utiliser alors l'isomorphie de $O_3^+(K, f)$ avec $PGL_2(K)$ (chap. II, § 9) et la détermination des automorphismes de ce dernier groupe (voir § 6). Pour les automorphismes des groupes $U_3(\mathbf{F}_9)$ et $U_3(\mathbf{F}_{25})$, qui échappent à la méthode précédente, voir § 7.

Les automorphismes des groupes unitaires ou orthogonaux sur un corps infini de caractéristique 2 n'ont pas été déterminés (cf. § 7).

§ 5. Automorphismes des groupes $U_n^+(K, f)$

(K corps commutatif de caractéristique $\neq 2$)

Si n est impair, les involutions de type $(1, n - 1)$ appartiennent à $U_n^+(K, f)$ et les raisonnements du § 4 s'appliquent sans modification. Au contraire, pour n pair, les involutions extrémales de $U_n(K, f)$ n'appartiennent plus à $U_n^+(K, f)$; on raisonne alors sur les involutions de type $(2, n - 2)$ ou $(n - 2, 2)$. Mais ici on peut avoir $v(u) = 8$ pour des involutions qui ne sont pas des types précédents, et on ne connaît pour le moment aucun critère distinguant ces involutions des autres dans le cas général. Toutefois, lorsque la forme f *a un indice* ≥ 1, on peut caractériser les involutions de type $(2, n - 2)$ ou $(n - 2, 2)$ dont le sous-espace propre de dimension $n - 2$ *contient des vecteurs isotropes*, en considérant le centralisateur dans $U_n^+(K, f)$ d'une telle involution et en montrant (grâce aux résultats sur la structure des groupes unitaires obtenus au chap. II) qu'un tel groupe ne peut jamais être isomorphe au centralisateur d'une involution qui n'est pas de type $(2, n - 2)$ ou $(n - 2, 2)$ (J. DIEUDONNÉ [7], p. 52—53 et 79—80), pour $n \geq 8$ (si $n \leq 6$, toutes les involutions sont de ce type et il n'y a rien à démontrer). Il faut ensuite un raisonnement supplémentaire (utilisant la condition de permutabilité de deux involutions) pour montrer qu'un automorphisme de $U_n^+(K, f)$

transforme *toute* involution de type $(2, n-2)$ ou $(n-2, 2)$ en une involution d'un de ces mêmes types (*loc. cit.*, p. 53—54).

Pour poursuivre le raisonnement, on suppose $n \geqq 6$. Soit S l'ensemble des involutions de type $(2, n-2)$ ou $(n-2, 2)$; si u et v sont deux involutions permutables de S, U^+, V^+ (resp. U^-, V^-) les sous-espaces propres de dimension 2 (resp. $n-2$) de u et v, il peut se faire que $U^+ \cap V^+$ soit de dimension 1, ou que $U^+ \subset V^-$ et $V^+ \subset U^-$; on dit dans le premier cas que u et v sont *irrégulièrement permutables*, et dans le second *régulièrement permutables*. On commence à distinguer ces deux sortes de permutabilité en remarquant, pour $n > 6$, que uv appartient à S si et seulement si u et v sont irrégulièrement permutables: pour $n = 6$, il faut un raisonnement différent (J. Dieudonné [7], p. 54 et 80). Cela fait, appelons *couple minimal* d'involutions de S deux involutions u, v dont les sous-espaces propres de dimension 2 ont une intersection de dimension 1; désignons d'autre part, pour deux involutions quelconques u, v de S, par $c'(u, v)$ l'ensemble des involutions de S qui permutent régulièrement avec u et v, par $c'(c'(u, v))$ l'ensemble des involutions de S qui permutent régulièrement avec toutes celles de $c'(u, v)$. Avec ces modifications, le critère de Mackey (§ 1) caractérise encore les couples minimaux.

Cela fait, on procède comme pour le groupe $Sp_m(K)$ (§ 3) pour définir, à partir d'un automorphisme φ de $U_n^+(K, f)$, une application bijective de $P(E)$ sur lui-même, dont on montre aisément qu'elle transforme deux droites de E orthogonales en droites orthogonales. On conclut comme dans les §§ précédents, et par suite:

Pour n pair et $\geqq 6$, tout automorphisme de $U_n^+(K, f)$ (K corps commutatif de caractéristique $\neq 2$, f forme hermitienne (ou symétrique) d'indice $\geqq 1$) est induit par un automorphisme de $U_n(K, f)$.

On peut déterminer les automorphismes de $U_2^+(K, f)$ $(J \neq 1)$ lorsque f est *d'indice* 1 en utilisant l'isomorphie de ce groupe et de $SL_2(K_0)$ où K_0 est le corps des invariants de J (chap. II, §§ 4 et 5), ainsi que les résultats du § 2; il est facile d'en déduire les automorphismes de $U_2(K, f)$ dans le même cas, en remarquant que $U_2^+(K, f)$ est le groupe des commutateurs de $U_2(K, f)$. Lorsque f est d'indice 0, les automorphismes de $U_2^+(K, f)$ n'ont pas été déterminés.

Les automorphismes du groupe $U_4^+(K, f)$ ne sont pas connus lorsque $J \neq 1$ et que K est un corps infini de caractéristique $\neq 2$. Il en est de même pour le groupe $O_4^+(K, f)$ lorsque f est d'indice 0.

On peut par contre déterminer les automorphismes de $O_4^+(K, f)$ lorsque f est *d'indice* 2. On sait en effet (chap. II, § 9) que l'on peut identifier les transformations de $O_4^+(K, f)$ aux transformations $X \to UXV$ de l'ensemble des matrices d'ordre 2 sur K, U et V étant deux matrices inversibles, telles que $\det(U) \det(V) = 1$ (la forme $f(x, x)$ étant identifiée avec le déterminant de X); le groupe des commutateurs $\Omega_4(K, f)$ de $O_4^+(K, f)$ est alors identifié au groupe des transformations précédentes telles que $\det(U)$ soit un carré dans K. Une même transformation de O_4^+ correspond d'ailleurs à tous les couples $(\lambda U, \lambda^{-1} V)$ où $\lambda \neq 0$, si bien que Ω_4 peut aussi être identifié au groupe des couples (U, V) tels que $\det(U) = \det(V) = 1$, deux couples qui ne diffèrent que par le signe donnant le même élément de Ω_4. Si G_1 (resp. G_2) est le sous-groupe de Ω_4 formé des couples (U, I) (resp. (I, V)) où U (resp. V) est unimodulaire, G_1 et G_2 sont permutables, $G_1 \cap G_2$ est le centre S de Ω_4 (et de O_4) à deux éléments, et G_1 et G_2 sont isomorphes à $SL_2(K)$, Ω_4 étant donc isomorphe au quotient $(G_1 \times G_2)/S$ (mais non au produit direct de S et de deux groupes isomorphes à $PSL_2(K)$, contrairement à ce qui est affirmé par erreur dans L. K. HUA [9], p. 118). G_1 (resp. G_2) peut aussi s'interpréter comme le sous-groupe de O_4 laissant invariants tous les plans totalement isotropes de l'une des classes d'intransitivité pour le groupe des rotations (cf. chap. II, § 6 et chap. III, § 4); pour toute symétrie s de O_4, on a donc $sG_1s^{-1} = G_2$.

Supposons que K ait plus de 3 éléments; alors (chap. II, § 2) le groupe $SL_2(K)$ ne contient aucun sous-groupe distingué non trivial distinct de S; on en déduit aussitôt que G_1, G_2 et S sont les seuls sous-groupes distingués non triviaux de Ω_4. Tout automorphisme φ de O_4^+ laisse donc invariants (globalement) G_1 et G_2 ou les permute; mais en composant φ avec l'automorphisme intérieur de O_4, produit par une symétrie, on peut supposer que φ est un automorphisme de G_1 et de G_2.

Notons maintenant que pour tout automorphisme σ de K, et toute matrice inversible A d'ordre 2, l'application $X \to AX^\sigma A^{-1}$ peut être identifiée à une semi-similitude g de $\Gamma O_4(K, f)$ (elle transforme $\det(X)$ en $(\det(X))^\sigma$). D'après la forme des automorphismes de $SL_2(K)$ (§ 2), on voit qu'on peut composer φ avec un automorphisme $u \to gug^{-1}$ de sorte que l'automorphisme obtenu *laisse invariants les éléments de G_2*. On peut donc se borner à ces derniers. Considérons d'autre part un automorphisme τ de K et un homomorphisme θ de K^* dans lui-même tel que $(\theta(\xi))^2 = \xi^{1-\tau}$ pour tout $\xi \in K^*$. On définit un automorphisme de O_4^+ en faisant correspondre à tout couple de matrices (U, V) (tel que $\det(U)\det(V) = 1$) le couple $(\theta(\det U) U^\tau, V) = (U_1, V_1)$; à $(\lambda U, \lambda^{-1} V)$ correspond alors $(\lambda U_1, \lambda^{-1} V_1)$ si bien que cette application donne bien, par passage aux quotients, un automorphisme de O_4^+, qui est réduit à l'identité dans G_2, et coïncide avec $U \to U^\tau$ dans G_1 identifié à $SL_2(K)$. La détermination des automorphismes de $SL_2(K)$ (§ 2) prouve alors que l'on peut déterminer l'automorphisme τ de sorte qu'en composant φ avec l'automorphisme précédent et un automorphisme intérieur de G_1, on obtienne un automorphisme de O_4^+ qui *laisse invariants les éléments de G_1 et de G_2*. Il reste finalement à déterminer ces derniers; or, ils laissent invariants les éléments de Ω_4, et tout *carré* d'un élément $u \in O_4^+$ appartient à Ω_4 (chap. II, § 6); un automorphisme du type considéré est donc de la forme $u \to \chi_0(u)u$, où χ_0 est un homomorphisme de O_4^+ dans son centre S, ce qui achève de déterminer tous les automorphismes de O_4^+ (L. K. Hua [9]).

Un raisonnement analogue, mais plus simple, s'applique aux groupes $O_4^+(K, f)$ lorsque f est *d'indice un*; en effet, le groupe des commutateurs $\Omega_4(K, f)$ de $O_4^+(K, f)$ est alors isomorphe au groupe $PSL_2(K(\sqrt{\Delta}))$ (Δ discriminant de f; cf. chap. II, § 9). Tenant compte de la détermination des automorphismes de ce dernier groupe (cf. § 6), on voit aisément que tout automorphisme de $\Omega_4(K, f)$ est dans ce cas induit par un automorphisme de $O_4(K, f)$; et en utilisant le fait que le carré d'un élément de O_4^+ est dans Ω_4, on en conclut que tout automorphisme de $O_4^+(K, f)$ est aussi induit par un automorphisme de $O_4(K, f)$.

En dehors des deux cas précédents, les automorphismes des groupes de commutateurs $\Omega_n(K, f)$ n'ont pas été déterminés lorsque K est un corps infini (cf. § 7).

§ 6. Automorphismes des groupes $PGL_n(K)$, $PSL_n(K)$, $PSp_{2m}(K)$

La difficulté principale dans l'application des méthodes précédentes aux groupes projectifs tient à la présence, dans ces groupes, d'involutions qui ne proviennent pas d'involutions de $GL_n(K)$ par passage au quotient, mais de *semi-involutions* de $GL_n(K)$ (chap. I, § 3). Il faut donc commencer par distinguer (par des propriétés ne faisant intervenir que la structure de groupe) ces involutions «de seconde espèce» de celles qui proviennent d'involutions de $GL_n(K)$.

Considérons d'abord le groupe projectif $PGL_n(K)$, où $n \geqq 3$ et K est de caractéristique $\neq 2$. On peut alors distinguer dans ce groupe les involutions *extrémales* (provenant des involutions extrémales de $GL_n(K)$) des autres involutions par la première méthode indiquée au § 1, savoir la considération des ensembles maximaux d'involutions conjuguées et permutables, sauf lorsque $n = 4$ et que -1 n'est pas un carré dans K (cf. J. Dieudonné [7]); dans ce dernier cas, on distingue les involutions extrémales des involutions de seconde espèce, en notant que si u, v, u', v' sont quatre involutions conjuguées de seconde espèce (correspondant à un élément $\gamma \in K$ qui n'est pas un carré dans K), u et v étant permutables, ainsi que u' et v', les produits uv et $u'v'$ ne sont pas nécessairement conjugués dans $PGL_n(K)$. Cela fait, les méthodes du § 1 s'appliquent sans modification aux involutions extrémales, et montrent que *tout automorphisme de $PGL_n(K)$ provient, par passage au quotient, d'un automorphisme de $GL_n(K)$*. Ce résultat est encore valable pour $n = 2$ et K de caractéristique $\neq 2$, comme l'a montré L. K. Hua [9], par les mêmes méthodes que celles qu'il a appliquées à la détermination des automorphismes de $GL_2(K)$.

Lorsque K est de caractéristique 2, les involutions de seconde espèce dans $PGL_n(K)$ ($n \geqq 2$) peuvent aisément être distinguées des autres, en notant que si u, v sont deux telles involutions, conjuguées et permutables, le produit uv n'est jamais conjugué de u, contrairement à ce qui se passe pour les involutions de $GL_n(K)$. Cela fait, les méthodes du § 1 sont applicables, et le résultat énoncé ci-dessus est donc encore valable.

Des méthodes analogues s'appliquent pour les groupes $PSL_n(K)$ sauf lorsque n est pair, K de caractéristique $\neq 2$ et où -1 n'appartient pas au groupe des commutateurs de K (J. DIEUDONNÉ [7], p. 19). Dans ce dernier cas, pour distinguer les 2-involutions des involutions de seconde espèce (pour $n \geqq 4$), on utilise les propriétés des centralisateurs de ces involutions dans $PSL_n(K)$ (chap. I, § 4). Les méthodes utilisées au § 2 s'appliquent ensuite, et la conclusion est encore que, dans tous les cas où les automorphismes de $SL_n(K)$ sont connus, ceux de $PSL_n(K)$ s'obtiennent par passage au quotient.

La même conclusion est enfin valable pour les groupes symplectiques projectifs $PSp_{2m}(K)$; ici encore, tout revient à distinguer les involutions extrémales des involutions de seconde espèce, ce que se fait en examinant les centralisateurs de ces involutions (cf. chap. I, §§ 13 et 14, et J. DIEU-DONNÉ [7], p. 32—34).

§ 7. Automorphismes des groupes $PU_n(K,f)$, $PU_n^+(K,f)$ et $P\Omega_n(K,f)$

Les mêmes difficultés relatives aux involutions de deuxième espèce se présentent pour la détermination des automorphismes de $PU_n(K, f)$, mais aggravées du fait que les méthodes du § 6 ne sont plus applicables sans hypothèse particulière sur K ou f. Toutefois, J. WALTER [1] est parvenu à déterminer les automorphismes de $PU_n(K, f)$ sous les seules hypothèses que K est un corps (commutatif ou non) de caractéristique $\neq 2$, et ayant plus de 3 éléments, et que $n \geqq 5$; dans ces conditions, *tout automorphisme de $PU_n(K, f)$ provient par passage au quotient d'un automorphisme de $U_n(K, f)$* (ces automorphismes ont été déterminés au § 4). Le point essentiel consiste à distinguer les involutions extrémales de $PU_n(K, f)$ des autres involutions de ce groupe; cela fait, les méthodes du § 4 s'appliquent sans modification substantielle. La méthode de J. WALTER est un développement de celle de RICKART (§ 1), et repose en premier lieu sur la considération du nombre $\nu(\bar{u})$ pour une involution quelconque $\bar{u}$ de $PU_n(K, f)$. La difficulté provient ici de ce que, si l'on a $\nu(\bar{u}) = 4$ pour les involutions extrémales, et $\nu(\bar{u}) > 4$ pour les involutions non extrémales qui proviennent d'une involution u de $U_n(K, f)$, on peut aussi avoir $\nu(\bar{u}) = 4$ pour certaines involutions de seconde espèce. J. WALTER considère alors l'ensemble $\overline{M}$ des involutions de $PU_n(K, f)$ pour lesquelles $\nu(\overline{u}) = 4$; pour tout système de trois involutions distinctes $\overline{u}$, $\overline{v}$, $\overline{w}$ appartenant à $\overline{M}$ et deux à deux permutables, soit $\omega(\overline{u}, \overline{v}, \overline{w})$ le nombre d'éléments de $c(c(\overline{u}, \overline{v}, \overline{w}))$ (la notation $c(S)$ a le même sens que dans le § 1, mais dans le groupe $PU_n(K, f)$ considéré); enfin, soit $\omega(\overline{u})$ le maximum de $\omega(\overline{u}, \overline{v}, \overline{w})$ lorsque $\overline{v}$ et $\overline{w}$ varient en satisfaisant aux conditions précédentes. Grâce à une étude précise de l'ensemble $\overline{M}$ (basée sur les résultats du chap. I, §§ 13 et 14), J. WALTER parvient à montrer que la relation $\omega(\overline{u}) = 8$ caractérise les involutions extrémales parmi les éléments de $\overline{M}$, sauf pour $n = 8$ et $n = 12$, cas qui peuvent être traités par des méthodes particulières (*loc. cit.*).

Auparavant, les automorphismes des groupes $PO_n(K, f)$ avaient été déterminés par J. DIEUDONNÉ ([7], p. 55—57) lorsque f est une forme symétrique *d'indice* ≥ 1, mais n pouvant cette fois être un entier quelconque ≥ 3, et K un corps commutatif quelconque de caractéristique $\neq 2$; pour n impair, $PO_n(K, f)$ est isomorphe à $O_n^+(K, f)$, et les automorphismes ont été déterminés au § 5; pour n pair, la méthode consiste à distinguer des involutions non extrémales les involutions extrémales dont l'hyperplan contient des droites isotropes, au moyen des propriétés du centralisateur d'une involution: cette distinction est assez facile, en considérant les deux premiers groupes des commutateurs de ces centralisateurs, et en utilisant le fait que le carré de tout élément de $O_n(K, f)$ appartient au groupe des commutateurs de ce groupe. Le résultat final est encore que les automorphismes de $PO_n(K, f)$ sont obtenus par passage au quotient à partir de ceux de $O_n(K, f)$.

Les automorphismes des groupes $PO_n^+(K, f)$ ont aussi été déterminés par une méthode analogue pour $n = 6$ ou n pair et ≥ 10, lorsque f est *d'indice* ≥ 1 (J. DIEUDONNÉ [7], p. 57—60). Il s'agit encore de montrer que le centralisateur d'une 2-involution u de $PO_n^+(K, f)$ telle que le sous-espace propre de u de dimension $n - 2$ contienne des droites isotropes, ne peut être isomorphe au centralisateur d'une involution de seconde espèce. Cela se fait ici en considérant, dans ces deux groupes, les *systèmes maximaux d'involutions permutables*, et en montrant que ces systèmes n'ont pas même nombre d'éléments dans les deux cas. Dans les cas considérés, les automorphismes de $PO_n^+(K, f)$ sont encore obtenus par passage au quotient à partir d'automorphismes de $O_n^+(K, f)$ (déterminés au § 5, moyennant les mêmes hypothèses sur f).

La même conclusion est encore valable pour $n = 4$ et f d'indice ≥ 1 (sauf peut être lorsque $K = \mathbf{F}_3$ et que f est d'indice 2), comme on le voit en raisonnant comme au § 5, et en tenant compte de la structure particulière des groupes $O_4^+(K, f)$.

Les méthodes et résultats précédents ont été étendus aux groupes $PO_n^+(K, f)$ pour $n \geq 5$ et pour une forme f d'indice 0 par M. WONEN-

BURGER [4]. Lorsque $n = 8$, il se produit des phénomènes exceptionnels, dus à la «trialité» (cf. E. CARTAN [2], C. CHEVALLEY [1], F. VAN DER BLIJ et T. A. SPRINGER [1]): il peut exister des automorphismes de $PO_8^+(K, f)$ qui transforment les 2-involutions en involutions de seconde espèce. Pour que cela soit possible, il faut et il suffit que K soit pythagoricien et qu'il existe une base orthonormale pour un multiple convenable αf de f (M. WONENBURGER [5]).

Il est vraisemblable qu'en combinant la méthode utilisée pour distinguer les involutions de seconde espèce des 2-involutions de $PO_n^+(K, f)$, et celle qui permet de distinguer les involutions de type $(2, n-2)$ ou $(n-2, 2)$ des autres involutions de $U_n^+(K, f)$ (§ 5), on obtiendrait la détermination des automorphismes de $PU_n^+(K, f)$ lorsque f est d'indice $\geqq 1$, $J \neq 1$ et K un corps commutatif quelconque de caractéristique $\neq 2$.

La détermination des automorphismes des groupes $PU_n^+(K, f)$ et $P\Omega_n(K, f)$ pour un corps K *fini* et dans les cas où ces groupes sont *simples* (cf. chap. II, §§ 3, 4, 9 et 10) a été faite complètement par R. STEINBERG [1] en utilisant une méthode toute différente, qui repose sur la théorie des groupes de Lie, et que nous ne pouvons développer ici. On en déduit aisément dans ces cas (et pour $n \neq 8$) les automorphismes de $U_n(K, f)$ et de $U_n^+(K, f)$, en notant que si φ est un tel automorphisme, il conserve le centre du groupe et son groupe des commutateurs, donc donne, par passage aux quotients, un automorphisme $\bar\varphi$ de $PU_n^+(K, f)$, qui, en vertu du théorème de R. STEINBERG, provient d'un automorphisme ψ de $U_n(K, f)$ de la forme décrite au § 4. Tout revient alors à voir que la relation $\bar\varphi = 1$ entraîne $\varphi(u) = \chi(u)u$, où χ a le même sens qu'au § 4, ce qui est immédiat.

En général, on ne connaît pas les automorphismes des groupes $\Omega_n(K, f)$ pour K infini (voir cependant un cas particulier dans J. DIEUDONNÉ [9] p. 91—92); il en est de même des automorphismes des groupes $P\Omega_n(K, f)$.

Enfin, signalons que M. WONENBURGER [4] a aussi déterminé les automorphismes des groupes projectifs de similitudes $PGO_n(K, f)$ et $PGO_n^+(K, f)$ pour K de caractéristique $\neq 2$ et $n \geqq 4$.

§ 8. Isomorphismes des groupes classiques

Un groupe classique $G(n, K, f)$ dépend d'un corps K, d'un entier n (dimension de l'espace où opère le groupe) et éventuellement d'une forme sesquilinéaire f (ou d'une forme quadratique Q) d'indice donné; nous dirons qu'un isomorphisme de $G(n, K, f)$ sur $G'(n', K', f')$ est *générique* si sa définition ne fait pas intervenir la structure particulière du corps K (sinon, éventuellement, le fait que K est commutatif), et si par suite pour n'importe quel corps K (éventuellement commutatif) on obtient un isomorphisme des groupes correspondants (K' dépendant naturellement de K). Dans les autres cas, nous dirons qu'il s'agit d'isomorphismes *exceptionnels*.

Nous avons déjà rencontré des isomorphismes génériques, savoir l'isomorphisme de $Sp_2(K)$ sur $SL_2(K)$ pour tout corps commutatif, et l'isomorphisme de $U_2^+(K, f)$ sur $SL_2(K_0)$ lorsque K est commutatif, $J \neq 1$ et f d'indice 1, K_0 étant le corps des invariants de J (chap. II, §§ 4 et 5). La plupart des autres isomorphismes génériques connus (dont nous avons rencontré certains lors de l'étude des groupes O_3 et O_4 au chap. II, § 9) peuvent être rattachés à un seul d'entre eux, suivant une méthode développée systématiquement par B. L. VAN DER WAERDEN [1], p. 18—28.

Le point de départ de cette méthode est le suivant: K étant d'abord supposé de caractéristique $\neq 2$, soit F l'espace K^4, E l'espace des *bivecteurs* sur F, qui est de dimension 6; si $(e_i)_{1 \leq i \leq 4}$ est une base de F, les $e_i \wedge e_j$ ($i < j$) forment une base de E, et le produit extérieur de deux bivecteurs x, y peut s'écrire $x \wedge y = f(x, y) e_1 \wedge e_2 \wedge e_3 \wedge e_4$, où le scalaire $f(x, y)$ est une forme bilinéaire symétrique sur E, non dégénérée et *d'indice* 3. La relation $f(x, x) = 0$ signifie que x est un bivecteur décomposable (correspondant à un sous-espace de dimension 2 de F); on peut donc identifier la grassmannienne $G_1(F)$ à l'ensemble des points de $P(E)$ définis par l'équation $f(x, x) = 0$ («quadrique» dans un espace de dimension 5). Cela étant, soit v une application semi-linéaire de F sur lui-même, u la puissance extérieure seconde $v^{(2)}$ de v, autrement dit l'application semi-linéaire de E sur lui-même telle que $u(s \wedge t) = v(s) \wedge v(t)$ pour deux vecteurs s, t quelconques. Il est immédiat que l'on a $f(u(x), u(y)) = (\det v) (f(x, y))^\sigma$, si σ est l'automorphisme de v; autrement dit, u est une *semi-similitude* pour la forme f. Réciproquement, si u est une telle semi-similitude, l'application projective correspondante $\bar{u}$ transforme $G_1(F)$ en lui-même; comme deux éléments «adjacents» de $G_1(F)$ (au sens du chap. III, § 2) sont des éléments tels que la droite qui les joint dans $P(E)$ soit contenue dans $G_1(F)$, $\bar{u}$ et $\bar{u}^{-1}$ transforment deux éléments adjacents en éléments adjacents. On peut par suite appliquer le th. de CHOW (chap. III, § 2): si $\bar{u}$ n'échange pas entre elles les deux classes de plans $N_2^+(E)$, $N_2^-(E)$ de la quadrique $G_1(F)$, il y a une application semi-linéaire v de F telle que $v^{(2)} u^{-1}$ laisse invariants tous les points de $P(E)$, et par suite soit une homothétie. En d'autres termes, on a $u = \mu \cdot v^{(2)}$, où $\mu \in K^*$; en outre, la relation $\mu \cdot v^{(2)} = \mu_1 \cdot v_1^{(2)}$ implique, comme on le vérifie sans peine, que $v_1 = \lambda v$ et $\mu = \lambda^2 \mu_1$ ($\lambda \in K^*$). Si au contraire $\bar{u}$ échange entre elles $N_2^+(E)$ et $N_2^-(E)$, u est produit de la puissance extérieure seconde d'une application semi-linéaire de F sur F^* (autrement dit, une corrélation de F), et de l'application canonique (définie à un facteur près) de l'espace des bivecteurs sur F^* sur l'espace des bivecteurs sur F. Lorsque v est linéaire, u est une *similitude directe* pour la forme f, et réciproquement; on voit donc que l'on a défini un *homomorphisme* $(\mu, v) \to \mu\, v^{(2)}$ du produit $K^* \times GL_4(K)$ *sur* le groupe $GO_6^+(K, f)$ des similitudes directes relatives à la forme f, le noyau de cet homomorphisme étant le sous-groupe formé des éléments $(\lambda^2, \lambda^{-1})$ où $\lambda \in K^*$; en outre, le multiplicateur de $\mu v^{(2)}$ est $\mu^2 \det(v)$. Par ailleurs, *toute* forme bilinéaire symétrique non dégénérée sur E, *d'indice* 3, est *équivalente* à la forme f (chap. I, § 11), et on a donc obtenu ainsi un isomorphisme générique pour les groupes orthogonaux relatifs à de telles formes.

A partir de là, la méthode de VAN DER WAERDEN s'appuie sur les deux remarques suivantes: 1° si f est une forme bilinéaire symétrique non dégénérée sur un espace E de dimension n sur K, H un hyperplan non isotrope dans E, f_1 la restriction de f à H, alors le groupe $O_{n-1}^+(K, f_1)$ est le sous-groupe de $O_n^+(K, f)$, ou de $GO_n^+(K, f)$, qui laisse invariante une forme linéaire u telle que $u(x) = 0$ soit une équation de H; 2° si K_1 est un sous-corps de K tel que $[K : K_1] = 2$, et σ le K_1-automorphisme de K distinct de l'identité, le groupe $GO_n^+(K_1, f)$ est le sous-groupe de $GO_n^+(K, f)$ formé des transformations qui permutent avec la semi-involution $(\xi_i) \to (\xi_i^\sigma)$ de $\Gamma O_n(K, f)$ (les ξ_i étant les coordonnées d'un point de E par rapport à une base quelconque). Or, toute forme bilinéaire symétrique non dégénérée sur E devient une forme *d'indice maximum* en remplaçant le corps K par une extension de K obtenue par un certain nombre d'extensions *quadratiques* successives. On voit ainsi que pour chaque groupe O_n^+ où $n \le 6$, on peut obtenir un isomorphisme canonique, en *traduisant* les conditions précédentes en conditions portant sur le groupe quotient de $K^* \times GL_4(K)$ isomorphe à $GO_6^+(K, f)$ dans l'iso-morphisme décrit ci-dessus (pour f d'indice 3).

On obtient ainsi 18 isomorphismes génériques de groupes O_n^+ pour $3 \le n \le 6$, énumérés partiellement par B. L. VAN DER WAERDEN ([1], p. 18—28, où l'on trouvera une bibliographie des travaux antérieurs sur cette question) et complètement dans J. DIEUDONNÉ ([14], p. 200—225); cette méthode conduit entre autres à utiliser le procédé général décrit au chap. I, § 15.

Nous nous bornerons ici à indiquer explicitement les isomorphismes génériques que l'on obtient ainsi entre groupes *simples* ou *semi-simples* (donc pour des groupes orthogonaux correspondant à une forme d'indice ≥ 1):

1) $n = 6$, f *d'indice* 3, identifiée à la forme considérée ci-dessus sur l'espace des bivecteurs E de K^4; l'homomorphisme $v \to v^{(2)}$ défini plus haut donne, par passage aux quotients, un *isomorphisme de* $PSL_4(K)$ *sur* $P\Omega_6(K, f)$.

2) $n = 6$, f *d'indice* 2; on suppose f rapportée à une base de E telle que $f(x, x) = a_1 \xi_1^2 + a_4 \xi_4^2 - \xi_2 \xi_5 + \xi_3 \xi_6$, l'élément $-a_4/a_1$ n'étant pas un carré dans K; autrement dit, le discriminant $\Delta = a_1 a_4$ de f est tel que $-\Delta$ *ne soit pas un carré* dans K. Soit $K_1 = K(\sqrt{-\Delta})$, obtenu par adjonction à K d'une racine ω de $a_1 X^2 + a_4$, et $g(z, z) = \zeta_1 \zeta_2 - \zeta_2 \zeta_1 - a_1(\zeta_3 \zeta_4 - \zeta_4 \zeta_3)$, forme antihermitienne d'indice 2 sur K_1^4. On a alors un *isomorphisme de* $PU_4^+(K_1, g)$ *sur* $P\Omega_6(K, f)$ de la façon suivante: à tout $v \in U_4^+(K_1, g)$, on fait correspondre la matrice de $v^{(2)}$ par rapport à la base $(e_i')_{1 \leq i \leq 6}$ de l'espace des bivecteurs E sur K_1^4, définie comme suit: si $(e_j)_{1 \leq j \leq 4}$ est la base canonique de K_1^4 sur K_1, on prend

$$e_1' = (\omega e_1 \wedge e_2 + e_3 \wedge e_4)/2\omega a_1, \quad e_2' = e_1 \wedge e_3, \quad e_3' = e_1 \wedge e_4,$$

$$e_4' = (\omega e_1 \wedge e_2 - e_3 \wedge e_4)/2\omega, \quad e_5' = e_2 \wedge e_4, \quad e_6' = e_2 \wedge e_3.$$

On passe ensuite au quotient par les centres.

3) $n = 6$, f *d'indice* 1, et le discriminant Δ de f est tel que $-\Delta$ *soit un carré* dans K; on peut alors supposer f rapportée à une base de E telle que $f(x, x) = a_1 \xi_1^2 + a_4 \xi_4^2 - a_2 \xi_2^2 - a_5 \xi_5^2 + \xi_3 \xi_6$, avec $a_1 a_5 = a_2 a_4$. Soit $K_1 = K(\omega)$, ω ayant le même sens que dans 2), et soit K_2 le corps des quaternions sur K relatif au couple $(-a_4/a_1, a_1 a_2)$; K_2 peut être considéré comme espace vectoriel à droite de dimension 2 sur K_1, ayant une base formée de l'élément unité et d'un élément ϱ tel que $\varrho^2 = a_1 a_2$, avec la relation $\zeta \varrho = \varrho \bar{\zeta}$ pour tout $\zeta \in K_1$. On a alors un *isomorphisme de* $PSL_2(K_2)$ *sur* $P\Omega_6(K, f)$ en procédant de la façon suivante: tout élément $v \in SL_2(K_2)$ est considéré comme transformation linéaire dans $(K_2)_d^2$ envisagé comme espace vectoriel F de dimension 4 sur K_1; on fait correspondre à v la matrice de $v^{(2)}$ par rapport à la base $(e_i')_{1 \leq i \leq 6}$ de l'espace E des bivecteurs sur F, définie comme suit: si $(e_j)_{1 \leq j \leq 2}$ est la base canonique de K_2^2 sur K_2 (de sorte que e_1, e_2, $e_1 \varrho$, $e_2 \varrho$ forment une base de F sur K_1), on prend

$$e_1' = (\omega e_1 \wedge e_2 - a_2^{-1} e_1 \varrho \wedge e_2 \varrho)/2\omega a_1, \quad e_2' = (a_2^{-1} \omega e_1 \wedge e_2 \varrho - e_1 \varrho \wedge e_2)/2\omega a_2,$$

$$e_4' = (\omega e_1 \wedge e_3 + a_2^{-1} e_1 \varrho \wedge e_2 \varrho)/2\omega, \quad e_5' = (a_2^{-1} \omega e_1 \wedge e_2 \varrho + e_1 \varrho \wedge e_2)/2\omega,$$

$$e_3' = e_1 \wedge e_1 \varrho, \quad e_6' = a_2^{-1} e_2 \wedge e_2 \varrho.$$

On passe ensuite au quotient par les centres.

4) $n = 6$, f *d'indice* 1, et Δ est tel que $-\Delta$ *ne soit pas un carré* dans K (ce cas ne peut se produire si K est le corps des nombres réels). On prend f comme dans 3), mais sans relation entre les a_i; ω est encore une racine de $a_1 X^2 + a_4$, ω' une racine de $a_2 X^2 + a_5$ et l'on pose $K_1 = K(\omega)$, $K_1' = K(\omega')$; K_1 et K_1' sont linéairement disjoints sur K, et leur composé $K_3 = K(\omega, \omega')$ est donc une extension galoisienne de

degré 4 de K, qui contient comme sous-corps $K_0 = K(\sqrt{-\Delta})$ $= K(\omega\omega')$. Soit L le corps des quaternions sur K_0, relatif au couple $(-a_4/a_1,\ a_1 a_2)$; L peut être considéré comme espace vectoriel à droite de dimension 2 sur K_3, ayant une base formée de l'élément unité et d'un élément ϱ tel que $\varrho^2 = a_1 a_2$, avec la relation $\zeta\varrho = \varrho\bar\zeta$ pour $\zeta \in K_3$, où $\zeta \to \bar\zeta$ est le K-automorphisme de K_3 qui change de signe ω et ω'. On définit en outre une involution J de L en prenant $\omega^J = -\omega$, $\omega'^J = \omega'$, $\varrho^J = \varrho$; on notera que cette involution est de *seconde espèce* (chap. II, § 5). Considérons alors sur L_d^2 la forme antihermitienne d'indice 1, $g(z, z)$ $= \zeta_1^J \zeta_2 - \zeta_2^J \zeta_1$, et le groupe $T_2(L, g)$ (chap. II, § 4); on a un *isomorphisme de $T_2(L, g)/W_2$ sur $P\Omega_6(K, f)$* en procédant de la façon suivante; tout élément $v \in T_2(L, g)$ est considéré comme transformation linéaire dans L_d^2 envisagé comme espace vectoriel F de dimension 4 sur K_3; on fait correspondre à v la matrice de $v^{(2)}$ par rapport à la base $(e_i')_{1 \leq i \leq 6}$ de l'espace E des bivecteurs sur F, définie comme suit: si $(e_j)_{1 \leq j \leq 2}$ est la base canonique de L^2 sur L (de sorte que e_1, e_2, $e_1\varrho$, $e_2\varrho$ forment une base de F sur K_3), on prend

$$e_1' = (\omega e_1 \wedge e_2 - a_2^{-1} e_1\varrho \wedge e_2\varrho)/2\omega a_1, \quad e_2' = (a_2^{-1}\omega' e_1 \wedge e_2\varrho - e_1\varrho \wedge e_2)/2\omega' a_2,$$

$$e_4' = (\omega e_1 \wedge e_2 + a_2^{-1} e_1\varrho \wedge e_2\varrho)/2\omega, \quad e_5' = (a_2^{-1}\omega' e_1 \wedge e_2\varrho + e_1\varrho \wedge e_2)/2\omega',$$

$$e_3' = e_1 \wedge e_1\varrho, \quad e_6' = a_2^{-1} e_2 \wedge e_2\varrho.$$

On passe ensuite au quotient par les centres.

5) $n = 5$, f *d'indice* 2; on peut supposer f rapportée à une base de E telle que $f(x, x) = \xi_1\xi_4 - \xi_2\xi_5 + \xi_3^2$. Considérons sur K^4 la forme alternée $g(x, y) = \xi_1\eta_4 - \xi_4\eta_1 + \xi_3\eta_2 - \xi_2\eta_3$. On a un *isomorphisme de $PSp_4(K, g)$ sur $P\Omega_5(K, f)$* en procédant de la façon suivante: pour tout $v \in Sp_4(K, g)$, on considère la matrice de $v^{(2)}$ par rapport à la base $(e_i')_{1 \leq i \leq 6}$ de l'espace des bivecteurs E' sur K^4, définie comme suit à partir de la base canonique $(e_j)_{1 \leq j \leq 4}$ de K^4:

$$e_1' = e_1 \wedge e_2, \quad e_2' = e_1 \wedge e_3, \quad e_3' = (e_1 \wedge e_4 + e_2 \wedge e_3)/2,$$

$$e_4' = e_3 \wedge e_4, \quad e_5' = e_2 \wedge e_4, \quad e_6' = (e_1 \wedge e_4 - e_2 \wedge e_3)/2.$$

Alors $v^{(2)}$ laisse invariant le sous-espace engendré par les e_i' d'indice ≤ 5, que l'on identifie à E; on fait correspondre à v la matrice de la restriction de $v^{(2)}$ à E par rapport à la base $(e_i')_{1 \leq i \leq 5}$; puis on passe au quotient par les centres.

6) $n = 5$, f *d'indice* 1; on peut supposer alors f rapportée à une base de E telle que $f(x, x) = a_1\xi_1^2 + a_4\xi_4^2 - \xi_2\xi_5 + \xi_3^2$, l'élément $-a_4/a_1$ n'étant pas un carré dans K; si ω est encore une racine de $a_1 X^2 + a_4$, on pose $K_1 = K(\omega)$; soit d'autre part L le corps des quaternions sur K relatif au couple $(-a_4/a_1,\ -a_1)$; L peut être considéré comme espace vectoriel à droite de dimension 2 sur K_1, ayant une base formée de l'élément unité

et d'un élément ϱ tel que $\varrho^2 = -a_1$, avec la relation $\zeta\varrho = \varrho\bar{\zeta}$ pour $\zeta \in K_1$. Considérons sur L_d^2 la forme antihermitienne d'indice 1, $g(z, z) = \zeta_1^J\zeta_2 - \zeta_2^J\zeta_1$, relative cette fois à l'involution *de première espèce J* telle que $\omega^J = -\omega$, $\varrho^J = \varrho$ (involution du type I pour la classification du chap. II, § 5). On a alors un *isomorphisme de* $T_2(L, g)/W_2$ *sur* $P\Omega_5(K, f)$ de la façon suivante: tout élément $v \in T_2(L, g)$ est considéré comme transformation linéaire dans L_d^2 envisagé comme espace vectoriel F de dimension 4 sur K; on considère la matrice de $v^{(2)}$ par rapport à la base $(e_i')_{1 \leq i \leq 6}$ de l'espace E' des bivecteurs sur F, définie comme suit : si $(e_j)_{1 \leq j \leq 2}$ est la base canonique de L_d^2 (de sorte que e_1, e_2, $e_1\varrho$, $e_2\varrho$ forment une base de F sur K), on prend

$$e_1' = e_1 \wedge e_2, \qquad e_2' = e_1 \wedge e_1\varrho, \qquad e_3' = (e_1 \wedge e_2\varrho - e_1\varrho \wedge e_2)/2,$$

$$e_4' = e_1\varrho \wedge e_2\varrho, \qquad e_5' = e_2 \wedge e_2\varrho, \qquad e_6' = (e_1 \wedge e_2\varrho + e_1\varrho \wedge e_2)/2.$$

Alors $v^{(2)}$ laisse invariant le sous-espace engendré par les e_i' d'indice ≤ 5, que l'on identifie à E; on fait correspondre à v la matrice de la restriction de $v^{(2)}$ à E par rapport à la base $(e_i')_{1 \leq i \leq 5}$ puis on passe au quotient par les centres.

7) $n = 4$, f *d'indice* 2. La forme f étant rapportée à une base de E telle que $f(x, x) = \xi_1\xi_4 - \xi_2\xi_3$, on identifie un point de E à la matrice $X = \begin{pmatrix} \xi_1 & \xi_2 \\ \xi_3 & \xi_4 \end{pmatrix}$; on définit alors un *isomorphisme de* $PSL_2(K) \times PSL_2(K)$ *sur* $P\Omega_4(K, f)$ de la façon suivante. A tout couple de matrices unimodulaires (U_1, U_2) d'ordre 2 sur K, on fait correspondre la transformation linéaire $X \to U_1 X U_2$ de l'espace des matrices d'ordre 2 sur K, identifié à E (cf. J. DIEUDONNÉ [5]); puis on passe au quotient par les centres.

8) $n = 4$, f *d'indice* 1. La forme f étant rapportée à une base telle que $f(x, x) = \xi_1\xi_4 - (a_2\xi_2^2 + a_3\xi_3^2)$, l'élément $-a_3/a_2$ n'est pas un carré dans K, autrement dit le discriminant $\Delta = -a_2a_3$ de f *n'est pas un carré* dans K. Soit $K_1 = K(\sqrt{\Delta})$, obtenu par adjonction à K d'une racine ω de $a_2X^2 + a_3$. On a alors un *isomorphisme de* $PSL_2(K_1)$ *sur* $P\Omega_4(K, f)$ de la façon suivante: pour toute matrice U de $SL_2(K_1)$, on considère, dans K_1^4 identifié à l'espace des matrices d'ordre 2 sur K_1, la transformation linéaire $X \to UX(P\bar{U}P^{-1})$, où $P = \begin{pmatrix} 1 & 0 \\ 0 & a_2^{-1} \end{pmatrix}$ et $\zeta \to \bar{\zeta}$ est l'unique K-automorphisme de K_1 distinct de l'identité. On fait alors correspondre à U la matrice de cette transformation linéaire par rapport à la base $(e_i')_{1 \leq i \leq 4}$ de K_1^4 déduite de la base canonique $(e_i)_{1 \leq i \leq 4}$ comme suit:

$$e_1' = e_1, \qquad e_2' = (\omega e_2 + e_3)/2a_2\omega, \qquad e_3' = (\omega e_2 - e_3)/2\omega, \qquad e_4' = e_4.$$

On passe ensuite au quotient par les centres.

9) $n = 3$, f *d'indice* 1. On peut supposer encore la forme f rapportée à une base de E telle que $f(x, x) = \xi_1^2 - \xi_2\xi_3$. On a alors un *isomorphisme de* $PSL_2(K)$ *sur* $P\Omega_3(K, f)$ en procédant comme suit: pour toute matrice

U de $SL_2(K)$, on considère dans K^4 identifié à l'espace des matrices d'ordre 2 sur K, la transformation linéaire $w\colon X \to UX(R \cdot {}^tU \cdot R^{-1})$ où $R = \begin{pmatrix} 0 & 1 \\ 1 & 0 \end{pmatrix}$; on considère d'autre part la base $(e'_i)_{1 \leq i \leq 4}$ de K^4, déduite de la base canonique $(e_i)_{1 \leq i \leq 4}$ comme suit :

$$e'_1 = (e_1 + e_4)/2, \quad e'_2 = e_2, \quad e'_3 = e_3, \quad e'_4 = (e_1 - e_4)/2 .$$

Alors la transformation linéaire w laisse invariant le sous espace engendré par les e'_i d'indice $i \leq 3$, que l'on identifie à E, et l'on fait correspondre à U la matrice de la restriction de w à E par rapport à la base $(e'_i)_{1 \leq i \leq 3}$.

Certains de ces résultats pour les dimensions 5 et 6 peuvent s'obtenir, comme pour les dimensions 3 et 4, par la considération de l'algèbre de CLIFFORD (M. EICHLER [2], p. 33—35, et C. CHEVALLEY [1], p. 102—105).

Mentionnons aussi parmi les isomorphismes obtenus par ces méthodes (et non signalé au chap. II, § 9) l'isomorphisme entre le groupe orthogonal $O_3^+(K, f)$, où f est *d'indice* 0, et le quotient par le groupe des homothéties d'un groupe de similitudes unitaires directes $GU_2^+(K_1, g)$, où K_1 est une extension quadratique de K, g une forme hermitienne *d'indice* 0 sur K_1.

Lorsque K est de caractéristique 2, on obtient encore comme ci-dessus un homomorphisme de $K^* \times GL_4(K)$ sur un groupe $GO_6^+(K, Q)$, où Q est une forme quadratique non défective et d'indice 3 (chap. I, § 16). Partant de là, la méthode de VAN DER WAERDEN se transpose aisément avec les modifications attendues (par exemple le discriminant doit être remplacé par le pseudo-discriminant (chap. II, § 10)); les automorphismes que l'on obtient ainsi (pour les dimensions $n = 4$ et $n = 6$) ont été complètement déterminés par A. OHARA [1].

En considérant d'autres types de semi-involutions dans un groupe $O_6^+(K, f)$ (f d'indice 3), on obtient par la même méthode des isomorphismes de groupes unitaires sur un corps de quaternions généralisés. Soient L un tel corps (de caractéristique $\neq 2$), Z son centre (nécessairement infini), J l'unique involution de L dont l'ensemble des invariants est Z, ω un élément de L tel que $\omega^J = -\omega$, d'où $\omega^2 \in Z$, K le corps $Z(\omega)$; on sait qu'il existe dans L un élément ϱ tel que $\varrho^J = -\varrho$, $\omega\varrho = -\varrho\omega$, $\varrho^2 = \gamma \in Z$. Le corps L peut être considéré comme espace vectoriel à droite sur K ayant une base formée de 1 et ϱ, avec $\varrho^{-1}\xi\varrho = \bar{\xi}$ pour $\xi \in K$ (où $\xi \to \bar{\xi}$ est l'unique Z-automorphisme de K distinct de l'identité). Soient alors E un espace vectoriel à droite de dimension n sur L, f une forme antihermitienne non dégénérée sur $E \times E$; on peut écrire

$$f(x, y) = \overline{f_0(x, u_0(y))} + \varrho f_0(x, y)$$

où f_0 est une forme symétrique non dégénérée sur E considéré comme espace de dimension $2n$ sur K, et $u_0(x) = x\varrho$ est semi-linéaire dans cet espace vectoriel (pour $\xi \to \bar{\xi}$), avec $f_0(u_0(x), u_0(y)) = -\gamma\overline{f_0(x, y)}$ et

$u_0^2(x) = \gamma x$. Le groupe $U_n(L, f)$ s'interprète comme le sous-groupe de $O_{2n}(K, f_0)$ formé des transformations permutant à u_0 (chap. I, § 13). Pour $n = 3$ ou $n = 2$, cela donne des isomorphismes de $U_n(L, f)$ sur d'autres groupes classiques (J. Dieudonné [17]). Bornons-nous au cas où f est *d'indice* $\geqq 1$ et à indiquer alors les isomorphismes obtenus pour le groupe $T_n(L, g)$ (chap. II, § 4):

10) $n = 3$; on peut alors supposer f rapportée à une base $(c_k)_{1 \leqq k \leqq 3}$ de E (sur L) telle que $f(z, z) = -\dfrac{1}{2}\,(\zeta_1^J \omega \zeta_1 + \zeta_2^J \zeta_3 - \zeta_3^J \zeta_2)$. Considérons sur K^4 la forme antihermitienne d'indice 1 telle que

$$g(x, x) = \bar{\xi}_1 \xi_2 - \bar{\xi}_2 \xi_1 - \omega(\bar{\xi}_3 \xi_3 - \gamma \bar{\xi}_4 \xi_4) \,.$$

On définit un *isomorphisme de* $PU_4^+(K, g)$ *sur* $T_3(L, f)/W_3$ de la façon suivante: à tout $v \in U_4^+(K, g)$, on fait correspondre la matrice de $v^{(2)}$ par rapport à la base (e_i') de l'espace des bivecteurs sur K^4, définie à partir de la base canonique $(e_j)_{1 \leqq j \leqq 4}$ de K^4 par

$$e_1' = e_1 \wedge e_2/\omega, \quad e_2' = e_1 \wedge e_3, \quad e_3' = e_1 \wedge e_4,$$
$$e_4' = e_3 \wedge e_4, \quad e_5' = e_2 \wedge e_4, \quad e_6' = e_2 \wedge e_3.$$

La matrice ainsi obtenue doit naturellement être interprétée comme une matrice du groupe orthogonal correspondant à la forme f_0 associée à la forme f donnée, comme il a été dit ci-dessus, la base (e_i') s'identifiant à la base de E sur K formée des c_k et des $c_k\varrho$ ($1 \leqq k \leqq 3$). On passe ensuite au quotient par les centres.

11) $n = 2$. On peut supposer f rapportée à une base de E (sur L) telle que $f(z, z) = -\dfrac{1}{2}\,(\zeta_2^J \zeta_3 - \zeta_3^J \zeta_2)$. Si l'on note f' (resp. E') la forme notée f (resp. l'espace noté E) dans 10), le groupe $U_2(L, f)$ peut être considéré comme le sous-groupe de $U_3(L, f')$ laissant invariant le sous-espace d'équation $\zeta_1 = 0$. Si l'on utilise l'homomorphisme décrit dans 10), on vérifie que les transformations de $U_2(L, f)$ s'identifient aux transformations de la forme $\mu \cdot v^{(2)}$ (avec $v \in GU_4(K, g)$) qui laissent invariants les deux bivecteurs $e_1 \wedge e_2$ et $e_3 \wedge e_4$; cela entraîne que que, dans K^4, v laisse invariants (globalement) les plans $P' = Ke_1 + Ke_2$ et $P'' = Ke_3 + Ke_4$; si v' et v'' sont les restrictions de v à P' et P'' respectivement, on constate que l'on peut prendre pour v' un élément arbitraire de $GL_2(Z)$, et que v'' doit alors avoir même déterminant que v' et appartenir à $GU_2^+(K, g'')$ (g'' restriction de g à P''); ce dernier groupe est d'ailleurs isomorphe au groupe multiplicatif L^* des quaternions $\neq 0$. Finalement, on voit que $U_2(L, f)$ est isomorphe au quotient du sous-groupe Γ de $L^* \times GL_2(Z)$ formé des couples (q, v') tels que $qq^J = \det(v')$, par le sous-groupe de Γ (isomorphe à Z^*) formé des couples (λ, λ) où $\lambda \in Z^*$. Dans cette description, le groupe $T_2(L, f)$ est identifié au groupe $PSL_2(Z)$, et U_2/T_2 *n'est pas commutatif* (pour un choix convenable de L, il peut

avoir des facteurs simples non commutatifs dans une suite de composition).

Mentionnons enfin que les mêmes méthodes permettent d'obtenir des isomorphismes pour certains groupes $PU_4(L, f)$: ce groupe s'interprète en effet comme sous-groupe de $PO_8^+(K, f_0)$, et les isomorphismes en question correspondent au cas où $PO_8^+(K, f_0)$ admet des automorphismes exceptionnels (§ 7); si φ est un tel automorphisme, il transformera $PU_4(L, f)$ en le sous-groupe de $PO_8^+(K, f_0)$ formé des éléments invariants par l'automorphisme $\varphi \psi_0 \varphi^{-1}$, où ψ_0 est l'automorphisme $v \to u_0 v u_0^{-1}$ de $PO_8^+(K, f_0)$.

A coté des isomorphismes génériques dont nous venons de parler, on connaît un certain nombre d'isomorphismes *exceptionnels* entre les groupes *finis* des types $PSL_n(K)$, $PSp_{2m}(K)$, $PU_2^+(K, f)$, auxquels il convient ici de joindre les groupes *symétriques* $\mathfrak{S}_n$ et les groupes *alternés* $\mathfrak{A}_n$. Ces isomorphismes, qui ont été découverts par C. JORDAN [1] et L. DICKSON [1], sont les suivants:

1) le groupe $PSL_2(\mathbf{F}_2)$ est isomorphe au groupe symétrique $\mathfrak{S}_3$;

2) le groupe $PSL_2(\mathbf{F}_3)$ est isomorphe au groupe alterné $\mathfrak{A}_4$;

3) les groupes $PSL_2(\mathbf{F}_4)$ et $PSL_2(\mathbf{F}_5)$ sont tous deux isomorphes au groupe alterné $\mathfrak{A}_5$;

4) les groupes $PSL_2(\mathbf{F}_7)$ et $PSL_3(\mathbf{F}_2)$ sont des groupes simples isomorphes d'ordre 168;

5) le groupe $PSL_2(\mathbf{F}_9)$ est isomorphe au groupe alterné $\mathfrak{A}_6$;

6) le groupe $PSL_4(\mathbf{F}_2)$ est isomorphe au groupe alterné $\mathfrak{A}_8$;

7) le groupe symplectique $PSp_4(\mathbf{F}_2)$ est isomorphe au groupe symétrique $\mathfrak{S}_6$;

8) les groupes $PSp_4(\mathbf{F}_3)$ et $PU_4^+(\mathbf{F}_4)$ sont des groupes simples isomorphes d'ordre 25920.

Les méthodes employées par les auteurs précités pour établir les isomorphismes précédents consistent à former pour les groupes finis considérés, des systèmes de générateurs liés par certaines relations, et à constater qu'en choisissant convenablement ces générateurs, ils sont en nombre égal et satisfont aux mêmes relations dans les groupes dont on veut démontrer l'isomorphie. On peut obtenir ces isomorphismes exceptionnels par d'autres méthodes, qui tiennent compte davantage de l'origine géométrique des groupes envisagés (J. DIEUDONNÉ [18], W. L. EDGE [1, 2, 3]).

§ 9. Isomorphismes des groupes classiques (suite)

Les résultats du § 8 conduisent naturellement à se demander s'il existe des isomorphismes (génériques ou exceptionnels) entre les groupes classiques, autres que ceux décrits dans ce paragraphe. Cette question n'est pas encore résolue de façon définitive; nous allons indiquer les principaux résultats obtenus jusqu'ici.

En premier lieu, *les groupes $PSL_n(K)$ et $PSL_m(K')$ ($n \geq 2$, $m \geq 2$) ne peuvent être isomorphes que si $n = m$, à l'exception des deux groupes $PSL_2(\mathbf{F}_7)$ et $PSL_3(\mathbf{F}_2)$; en outre, pour $n = m > 2$, K et K' doivent être isomorphes ou antiisomorphes. Il en est de même pour $n = m = 2$, lorsque K et K' sont commutatifs, à l'exception du cas $K = \mathbf{F}_4$, $K' = \mathbf{F}_5$.*

Ce résultat a été acquis en plusiers étapes. Il a d'abord été démontré par O. Schreier et B. L. van der Waerden [1] lorsque K et K' sont *commutatifs*, puis par J. Dieudonné ([7], p. 22—25 et [6], p. 91—94) lorsque K et K' sont quelconques, avec un certain nombre de cas laissés ouverts; ces derniers ont été traités par L. K. Hua et C. H. Wan [1].

On peut distinguer deux cas, suivant que K et K' sont tous deux finis, ou tous deux infinis. Dans le premier cas, la méthode de Schreier et van der Waerden consiste à montrer que, pour $n = 3$, les transvections sont les éléments des $PSL_n(K)$ distincts de l'élément neutre, dont le centralisateur est *d'ordre maximum*. Pour $n \geq 3$ et $m \geq 3$, la méthode esquissée dans le § 1 pour la détermination des automorphismes de $GL_n(K)$ permet alors de montrer qu'un isomorphisme de $PSL_n(K)$ sur $PSL_m(K')$ détermine une application semi-linéaire de K^n sur K'^m (ou sur le dual de ce dernier espace), d'où la conclusion. Reste à examiner le cas où l'un des entiers n, m est égal à 2; on utilise alors le fait que dans $PSL_2(K)$ (K fini) le centralisateur de tout élément distinct de l'élément neutre est résoluble, et l'on achève le raisonnement par la considération des ordres des groupes finis qui interviennent.

Lorsque K et K' sont tous deux infinis, la méthode qui s'applique au cas le plus général repose sur l'étude des involutions des groupes considérés. Tout d'abord, K et K' doivent tous deux être de caractéristique $\neq 2$ ou tous deux de caractéristique 2; cela résulte du fait que si K est de caractéristique 2, il existe dans $PSL_n(K)$ des systèmes infinis d'involutions conjuguées et permutables, mais qu'il n'en est pas ainsi lorsque K n'est pas de caractéristique 2. Supposant d'abord que K et K' sont tous deux de caractéristique $\neq 2$, on montre que l'on a nécessairement $m = n$ en considérant les nombres d'éléments dans les systèmes maximaux d'involutions permutables et conjuguées de $PSL_n(K)$; pour les petites valeurs de m et n, il faut des raisonnements complémentaires pour exclure les cas que la méthode précédente ne permet pas de traiter; le plus difficile, élucidé par Hua et Wan (*loc. cit.*), est celui où $n = 2$, $m = 3$. Une fois établie l'égalité $m = n$, les méthodes du § 6 s'appliquent pour prouver que K et K' sont isomorphes ou antiisomorphes, lorsque $m = n > 2$.

Si K et K' sont de caractéristique 2, et si $n \geq 6$, les transvections de $PSL_n(K)$ sont déterminées par une propriété indépendante de n (§§ 1 et 6); tout isomorphisme de $PSL_n(K)$ sur $PSL_m(K')$, pour $n \geq 6$ et $m \geq 6$, doit donc transformer les transvections en transvections, d'où aisément le résultat. Si l'un des nombres m, n est < 6, il faut encore des raisonnements complémentaires; les cas les plus difficiles, correspondant aux couples $(2, 3)$ et $(4, 5)$, ont été traités par HUA et WAN (*loc. cit.*).

En ce qui concerne les groupes symplectiques, on peut montrer que les *groupes* $PSp_{2m}(K)$ *et* $PSp_{2n}(K')$ *ne peuvent être isomorphes que si* $m = n$ *et si* K *et* K' *sont isomorphes, exception faite du cas* $m = n = 2$, $K = \mathbf{F_4}$, $K' = \mathbf{F_5}$ (J. DIEUDONNÉ [7], p. 39—41). La méthode est analogue aux précédentes, en considérant les centralisateurs des involutions dans les groupes considérés.

Les isomorphismes possibles entre un groupe classique de la forme $P\Omega_n(K, f)$ ou $PU_n^+(K, f)$ (K commutatif) et un autre groupe classique n'ont pas été déterminés en général.

Toutefois cette détermination peut être complètement faite lorsque K est *fini*. Par une étude arithmétique des formules donnant l'*ordre* des groupes classiques sur K, E. ARTIN [1], [2] a pu en effet montrer que les groupes finis de l'un des types $PSL_n(K)$, $PSp_{2m}(K)$, $P\Omega_q(K, f)$, $PU_r^+(K)$ (K fini variable), $\mathfrak{S}_h$ ou $\mathfrak{A}_h$ ont tous des ordres *distincts* deux à deux, à l'exception des couples entre lesquels il y a un isomorphisme générique ou exceptionnel, du couple de groupes $PSL_3(F_4)$ et $PSL_4(F_2)$, qui ne sont pas isomorphes comme on l'a vu ci-dessus, et enfin des couples de groupes $PSp_{2m}(F_q)$ et $P\Omega_{2m+1}(F_q)$ (q impair, $m \geqq 3$); cette dernière coïncidence avait déjà été remarquée par DICKSON [1] qui avait prouvé aussi que les deux groupes ne sont pas isomorphes (*loc. cit.*); pour une autre démonstration, voir J. DIEUDONNÉ [7], p. 73—74. En conclusion, on voit donc qu'*il n'y a pas d'isomorphisme entre les groupes simples finis considérés autres que les isomorphismes (génériques ou exceptionnels) décrits au* § 8. On en conclut aussi qu'il ne peut y avoir d'autres isomorphismes *génériques* que ceux énumérés au § 8 pour les groupes de la forme $P\Omega_n(K, f)$ où l'indice de f est $\geqq [(n - 2)/2]$, ou $PU_n^+(K, f)$ où l'indice de f est $[n/2]$: un tel isomorphisme se spécialiserait en effet en un isomorphisme de groupes *finis* de ces types en prenant pour K un corps fini quelconque.

Table des Notations

A) *Notations employées dans tout le fascicule*

ξ^σ ($\xi \in K$, σ automorphisme de K ou isomorphisme de K sur K'), A^σ (matrice (α_{ij}^σ) si A est la matrice (α_{ij})).

K^0 (corps opposé au corps K), J (isomorphisme de K sur K^0), ξ^J ($\xi \in K$), A^J (matrice (α_{ij}^J), si $A = (\alpha_{ij})$).

$\xi^{\sigma\tau} = (\xi^\sigma)^\tau$; $\xi^{\sigma J} = (\xi^\sigma)^J$, $\xi^{J\sigma} = (\xi^J)^\sigma$.

$\langle x', x \rangle = x'(x)$ (x élément de l'espace vectoriel E, x' élément du dual E^*).

${}^t u$, $\breve{u} = {}^t u^{-1}$ (u application semi-linéaire): chap. I, § 6.

${}^t A$ (matrice (α_{ji}) transposée de la matrice $A = (\alpha_{ij})$).

$f(x, y)$, f (forme sesquilinéaire): chap. I, § 5.
V^0 (sous-espace orthogonal à V): chap. I, § 7.
ν (indice de la forme f, aux chap. I—II): chap. I, § 7.
$M(f)$ (groupe des multiplicateurs de la forme f): chap. I, § 9.
$\Gamma L_n(K)$, $GL_n(K)$, H_n, Z_n: chap. I, § 1.
h_α (homothétie de rapport α): chap. I, § 1.
$\bar{u}$ (u collinéation): chap. I, § 1.
$P(E)$, $P_{n-1}(K)$: chap. I, § 1.
$P\Gamma L_n(K)$, $PGL_n(K)$: chap. I, § 1.
$SL_n(K)$, $PSL_n(K)$: chap. II, § 1.
$\Gamma U_n(K, f)$, $GU_n(K, f)$, $U_n(K, f)$, $U_n(K, A)$, $U_n(K)$: chap. I, § 9.
$GU_n^+(K, f)$: chap. II, § 13.
$U_n^+(K, f)$: chap. II, § 5.
$T_n(K, f)$, W_n: chap. II, § 4.
$P\Gamma U_n(K, f)$, $PGU_n(K, f)$, $PU_n(K, f)$: chap. I, § 9.
$PU_n^+(K, f)$: chap. II, § 5.
$\Gamma Sp_n(K)$, $GSp_n(K)$, $Sp_n(K)$: chap. I, § 9.
$P\Gamma Sp_n(K)$, $PGSp_n(K)$, $PSp_n(K)$: chap. I, § 9.
$\Gamma O_n(K, f)$, $GO_n(K, f)$, $O_n(K, f)$: chap. I, § 9.
$O_n^+(K, f)$, $\Omega_n(K, f)$: chap. II, § 6.
$O_n'(K, f)$: chap. II, § 7.
$P\Gamma O_n(K, f)$, $PGO_n(K, f)$, $PO_n(K, f)$: chap. I, § 9.
$PO_n^+(K, f)$, $P\Omega_n(K, f)$: chap. II, § 6.
$Q(x)$, Q (forme quadratique sur un corps de caractéristique 2): chap. I, § 16.
$\Gamma O_n(K, Q)$, $GO_n(K, Q)$, $O_n(K, Q)$: chap. I, § 16.
$P\Gamma O_n(K, Q)$, $PGO_n(K, Q)$, $PO_n(K, Q)$: chap. I, § 16.
$O_n^+(K, Q)$, $O_n'(K, Q)$, $\Omega_n(K, Q)$: chap. II, § 10 et § 11.
$\mathbf{F}_q$: corps fini à q éléments; $\mathbf{Q}$: corps des nombres rationnels; $\mathbf{R}$: corps des nombres réels.

B) Notations spéciales à certaines parties

U^+, U^- (sous-espaces propres d'une involution): chap. I, §§ 3, 4, 14, 15.
$B_{ij}(\lambda)$ (matrices des transvections): chap. II, §§ 1 et 2.
$C(f)$, $C^+(f)$, $C^-(f)$, e_H, J (involution de l'algèbre de CLIFFORD) s_u, θ (norme spinorielle): chap. II, § 7.
$C(Q)$, $C^+(Q)$, s_u, $\wp(\varrho)$: chap. II, § 10.
$G_r(E)$, $\bar{u}_r$, ω_r: chap. III, § 2.
$N_s(E)$: chap. III, § 3; $N_r^+(E)$, $N_r^-(E)$: chap. III, § 4.
$c(S)$, $\nu(u, v)$, $\nu(u)$: chap. IV, §. 1.

C) Notations de L. E. DICKSON [1] et de B. L. VAN DER WAERDEN [1]

DICKSON	VAN DER WAERDEN	DIEUDONNÉ
	$GL(n, K)$	$GL_n(K)$
	$SL(n, K)$	$SL_n(K)$
	$PGL(n, K)$	$PGL_n(K)$
	$PSL(n, K)$	$PSL_n(K)$
$GF(q)$	$GF(q)$	$\mathbf{F}_q$
$GLH(n, q)$	$GL(n, q)$	$GL_n(\mathbf{F}_q)$
$SLH(n, q)$	$SL(n, q)$	$SL_n(\mathbf{F}_q)$
	$PGL(n, q)$	$PGL_n(\mathbf{F}_q)$

Dickson	Van der Waerden	Dieudonné
$LF(n, q)$	$PSL(n, q)$	$PSL_n(\mathbf{F}_q)$
	$C(2m, K)$	$Sp_{2m}(K)$
	$PC(2m, K)$	$PSp_{2m}(K)$
$SA(2m, q)$	$C(2m, q)$	$Sp_{2m}(\mathbf{F}_q)$
$A(2m, q)$	$PC(2m, q)$	$PSp_{2m}(\mathbf{F}_q)$
	$U(n, P, K)$, $U(n, K)$	$U_n(K, f)$
	$SU(n, P, K)$, $SU(n, K)$	$U_n^+(K, f)$
	$PSU(n, P, K)$, $PSU(n, K)$	$PU_n^+(K, f)$
	(f étant supposée admettre une base orthonormale; P est le corps des invariants de J, K étant supposé commutatif)	
	$H(2m, P, K)$	$U_{2m}(K, f)$
	$SH(2m, P, K)$	$U_{2m}^+(K, f)$
	$PSH(2m, P, K)$	$PU_{2m}^+(K, f)$
	(f étant supposée d'indice m)	
	$U(n, q)$	$U_n(\mathbf{F}_q)$
	$SU(n, q)$	$U_n^+(\mathbf{F}_q)$
$HO(n, q)$	$PSU(n, q)$	$PU_n^+(\mathbf{F}_q)$
$HA(2m, q)$		$PU_{2m}^+(\mathbf{F}_q)$
	$O(n, K, Q)$	$O_n^+(K, f)$
	(K de caractéristique $\neq 2$, $Q(x) = f(x, x)$)	
	$PO(n, K, Q)$	$PO_n^+(K, f)$
	(K de caractéristique $\neq 2$, $Q(x) = f(x, x)$)	
	$O_1(n, K)$	$O_n^+(K, f)$
	$PO_1(n, K)$	$PO_n^+(K, f)$
	(K de caractéristique $\neq 2$, f forme admettant une base orthonormale)	
	$O_D(n, q)$	$O_n^+(\mathbf{F}_q, f)$
	(q non divisible par 2, D discriminant de f)	
	$O_D'(n, q)$	$\Omega_n(\mathbf{F}_q, f)$
	(q non divisible par 2, D discriminant de f)	
$FO(n, q)$	$PO_1'(n, q)$	$P\Omega_n(\mathbf{F}_q, f)$
	(f de discriminant carré dans $\mathbf{F}_q$)	
$SO(n, q)$	$PO_\nu'(n, q)$	$P\Omega_n(\mathbf{F}_q, f)$
	(f de discriminant ν non carré dans $\mathbf{F}_q$)	
	$O(n, K, Q)$	$O_n(K, Q)$
	(K de caractéristique 2 et parfait)	
	$J_\lambda(2m, K)$	$O_{2m}^+(K, Q)$
	(K de caractéristique 2 et parfait, λ^2 pseudo-discriminant de Q)	
$FH(2m, q)$	$J_0(2m, q)$	$\Omega_{2m}(\mathbf{F}_q, Q)$
	(Q d'indice m)	
$SH(2m, q)$	$J_\lambda(2m, q)$	$\Omega_{2m}(\mathbf{F}_q, Q)$
	($\lambda \neq 0$, Q d'indice $m - 1$)	

Signalons aussi, chez divers auteurs, la notation $SO(n, K, Q)$ pour $O_n^+(K, f)$ (avec $Q(x) = f(x, x)$), abrégée en $SO(n, K)$ lorsque f admet une base orthonormale.

Index des définitions et des principaux théorèmes

Quasi-symétrie: chap. I, § 12.
Rang d'une application semi-linéaire: chap. I, § 1; — d'une forme sesquilinéaire:
    chap. I, § 5; — d'une forme quadratique: chap. I, § 16.
Réflexive (forme sesquilinéaire —): chap. I, § 6.
Renversement: chap. II, § 6.
Retournement chap. II, § 6.
Rotation: chap. II, §§ 6 et 10.
Semi-involution: chap. I, § 3.
Semi-linéaire (application —): chap. I, § 1.
Semi-similitude orthogonale: chap. I, §§ 9 et 16; — symplectique: chap. I, § 9;
    — unitaire: chap. I, § 9.
Semi-singulier (vecteur —): chap. II, § 11.
Sesquilinéaire (forme —): chap. I, § 5.
Signature: chap. I, § 8.
Similitude orthogonale: chap. I, §§ 9 et 16; — symplectique: chap. I, § 9; — uni-
    taire: chap. I, § 9.
Similitude directe: chap. II, § 13.
Singulier (vecteur —, sous-espace —): chap. I, § 16.
Sous-espaces propres d'une involution: chap. I, § 3.
Symétrie: chap. I, § 12.
Symétrique (élément —, forme —): chap. I, § 6.
Théorème de WITT: chap. I, §§ 11 et 16.
Théorème fondamental de la géométrie projective: chap. III, § 1.
Totalement isotrope (sous-espace —): chap. I, § 7.
Tracique (forme hermitienne —): chap. I, § 10.
Transport d'une forme sesquilinéaire: chap. I, § 8.
Transvection: chap. I, § 2; (droite d'une —, hyperplan d'une —): chap. I, § 2.
Unitaire (transformation —): chap. I, § 9.

Bibliographie

N-B. — La bibliographie ne vise nullement à être complète pour les travaux
antérieurs à 1935; pour ces derniers, le lecteur est prié de se reporter au fascicule
de B. L. VAN DER WAERDEN [1].

ABE, M.: [1] Projéctive transformation groups over non-commutative fields,
    Sijo-Sûgaku-Danwakai, 240 (1942).
ALBERT, A. A.: [1] Symmetric and alternate matrices in an arbitrary field, I.
    Trans. Amer. Math. Soc. 43, 386—436 (1938).
ANCOCHEA, G.: [1] Le théorème de VON STAUDT en géométrie projective quater-
    nionienne. J. reine angew. Math. 184, 193—198 (1942).
ARF, C.: [1] Untersuchungen über quadratische Formen in Körpern der Charak-
    teristik 2, I. J. reine angew. Math. 183, 148—167 (1941).
ARTIN, E.: [1] The orders of the linear groups. Comm. Pure Appl. Math. 8, 355—366
    (1955); [2] The orders of the classical simple groups. Comm. Pure Appl. Math. 8,
    455—472 (1955); [3] Geometric algebra, Interscience Tracts n°. 3. New York-
    London: Interscience Publ. 1957.
ASANO, K., u. NAKAYAMA, T.: [1] Über halblineare Transformationen. Math. Ann.
    115, 87—114 (1937).
BACHMANN, F.: [1] Eine Kennzeichnung der Gruppe der gebrochen-linearen Trans-
    formationen. Math. Ann. 126, 79—92 (1953).

BAER, R.: [1] Free mobility and orthogonality. Trans. Amer. Math. Soc. 68, 439—460 (1951); [2] The group of motions of a two-dimensional elliptic geometry. Comp. Math. 9, 271—288 (1951); [3] Linear algebra and projective geometry. New York: Acad. Press 1952.

BIRKHOFF, G., and VON NEUMANN, J.: [1] The logic of quantum mechanics. Ann. of Math. 37, 823—843 (1936).

BOLT, B., ROOM, T. G. and WALL, G. E.: [1] On the CLIFFORD collineation transformation and similarity group, I, II. J. Austr. Math. Soc. 2, 60—96 (1961).

BOURBAKI, N.: [1] Algèbre, chap. II: Algèbre linéaire. Actual. Scient. et Ind., 3e éd., n° 1236. Paris: Hermann 1962; [2] Algèbre, chap. VII: Modules sur les anneaux principaux. Actual. Scient. et Ind., n° 1179. Paris: Hermann 1952; [3] Algèbre, chap. IX. Actual. Scient. et Ind., n° 1272, Paris: Hermann 1959.

BRENNER, J.: [1] The linear homogeneous group. Ann. of Math. 39, 472—493 (1938); [2] The linear homogeneous group, II. Ann. of Math. 45, 100—109 (1944).

CARTAN, E.: [1] Leçons sur la géométrie projective complexe. Paris: Gauthier-Villars 1931; [2] Leçons sur la théorie des spineurs, vol. II. Actual. Scient. et Ind., n° 701. Paris: Hermann 1938.

CHEVALLEY, C.: [1] The algebraic theory of spinors. New York: Columbia Univ. Press 1954; [2] Théorie des groupes de LIE, t. II: Groupes algébriques. Actual. Scient. et Ind., n° 1152. Paris: Hermann 1951; [3] Sur le groupe exceptionnel (E_8). C. r. Acad. Sci. (Paris) 232, 1991—1993 (1951); [4] Sur une variété algébrique liée à l'étude du groupe (E_8). C. r. Acad. Sci. (Paris) 232, 2168—2170 (1951); [5] Sur certains groupes simples. Tôhoku Math. J., (2), 7, 14—66 (1955); [6] Classification des groupes de LIE algébriques, 2 vol., Séminaire 1956—58, Paris: Secr. math., 11, R. P. Curie, 1958.

CHOW, W. L.: [1] On the geometry of algebraic homogeneous spaces. Ann. of Math. 50, 32—67 (1949).

CLIFFORD, W. K.: [1] Applications of GRASSMANN's extensive algebra. Math. Papers, p. 266—276. London: Macmillan 1882; [2] On the classification of geometric algebras. Math. Papers, p. 397—401. London: Macmillan 1882.

DICKSON, L. E.: [1] Linear groups. Leipzig: B. G. Teubner 1901; [2] Theory of linear groups in an arbitrary field. Trans. Amer. Math. Soc. 2, 363—394 (1901); [3] Linear groups in an infinite field. Proc. Lond. Math. Soc. 34, 185—205 (1902).

DIEUDONNÉ, J.: [1] Les déterminants sur un corps non commutatif. Bull. Soc. Math. France 71, 27—45 (1943); [2] Compléments à trois articles antérieurs. Bull. Soc. Math. France 74, 59—68 (1946); [3] Sur la réduction canonique des couples de matrices. Bull. Soc. Math. France 74, 130—146 (1946); [4] Sur les groupes classiques. Actual. Scient. et Ind., n° 1040. Paris: Hermann 1948; [5] Sur une généralisation du groupe orthogonal à quatre variables. Arch. d. Math. 1, 282—287 (1949); [6] Sur les systèmes maximaux d'involutions conjuguées et permutables dans les groupes projectifs. Summa Bras. Math. 2, 59—94 (1950); [7] On the automorphisms of the classical groups. Memoirs Amer. Math. Soc. n° 2, 1—95 (1951); [8] Algebraic homogeneous spaces over fields of characteristic two. Proc. Amer. Math. Soc. 2, 295—304 (1951); [9] On the orthogonal groups over the rational field. Ann. of Math. 54 ,85—93 (1951); [10] Orthogonal and unitary groups over the rational field. Amer. J. Math. 73, 940—948 (1951); [11] Sur les groupes orthogonaux rationnels à trois et quatre variables. C. r. Acad. Sci. (Paris) 233, 541—543 (1951); [12] On the orthogonal groups over an algebraic number field. Proc. Lond. Math. Soc. (3), 2, 245—256 (1952); [13] On the structure of unitary groups. Trans. Amer. Math. Soc. 72, 367—385 (1952); [14] Les extensions quadratiques des corps non commutatifs et leurs applications. Acta Math. 87, 175—242 (1952); [15] A problem of

Hurwitz and Newman. Duke Math. J. 20, 381—390 (1953); [16] On the structure of unitary groups (II). Amer. J. Math. 75, 665—678 (1953); [17] Sur les groupes unitaires quaternioniques à deux et à trois variables. Bull. Sci. Math. 77, 195—213 (1953); [18] Les isomorphismes exceptionnels entre les groupes classiques finis. Canad. J. of Math. 6, 305—315 (1954); [19] Sur les générateurs des groupes classiques. Summa Bras. Math. 3, 149—178 (1955); [20] Pseudodiscriminant and Dickson invariant. Pac. J. Math. 5, 907—910 (1955); [21] Sur les multiplicateurs des similitudes. Rend. Circ. Mat. Palermo (2) 3, 398—408 (1954); [22] Sur la représentation paramétrique de Cayley. Arch. d. Math. 9, 39—41 (1958).

Edge, W. L.: [1] Geometry in three dimensions over GF(3). Proc. Roy. Soc. A (London) 222, 262—286 (1953); [2] The geometry of the linear fractional group LF(4,2). Proc. Lond. Math. Soc. (3) 4, 317—342 (1954); [3] The projective orthogonal and linear fractional representations of the simple group of order 360. Proc. Internat. Math. Congress, Amsterdam, Sept. 1954, vol. II.

Ehrlich, G.: [1] The structure of continuous rings. Diss. Univ. of Tennessee, Knoxville 1953.

Eichler, M.: [1] Idealtheorie der quadratischen Formen. Abh. Math. Sem. Hamburg Univ. 18, 14—37 (1952); [2] Quadratische Formen und Orthogonale Gruppen: Berlin, J. Springer, 1952.

Freudenthal, H.: [1] Oktaven, Ausnahmegruppen und Oktavengeometrie, Utrecht 1951; [2] Sur le groupe exceptionnel E_7. Indag. Math. 15, 81—89 (1953); [3] Sur le groupe exceptionnel E_8. Indag. Math. 15, 95—98 (1953).

Haantjes, J.: [1] Halblineare Transformationen. Math. Ann. 114, 293—304 (1937).

Hasse, H.: [1] Darstellbarkeit von Zahlen durch quadratische Formen in einem beliebigen algebraischen Zahlkörper. J. reine angew. Math. 153, 113—130 (1924); [2] Äquivalenz quadratischer Formen in einem beliebigen algebraischen Zahlkörper. J. reine angew. Math. 153, 158—162 (1924).

Hattori, A.: [1] On the multiplicative group of simple algebras and orthogonal groups of three dimensions. J. Math. Soc. Japan 4, 205—217 (1952).

Hua, L. K.: [1] Geometries of Matrices: I. Generalizations of von Staudt's theorem. Trans. Amer. Math. Soc. 57, 441—481 (1945); [2] Geometries of Matrices: I_1. Arithmetical constructions. Trans. Amer. Math. Soc. 57, 482—490 (1945); [3] On the extended space of several complex variables (1): The space of complex spheres. Quart. J. Math. 17, 214—222 (1946); [4] Geometries of Matrices: III. Fundamental theorem in the geometry of symmetric matrices. Trans. Amer. Math. Soc. 61, 229—255 (1947); [5] On the automorphisms of the symplectic group over any field. Ann. of Math. 49, 739—759 (1948); [6]Geometry of symmetric matrices over any field with characteristic other than two. Ann. of Math. 50, 8—31 (1949); [7] On the automorphisms of a sfield. Proc. Nat. Acad. Sci. USA 35, 386—389 (1949); [8] Some properties of a sfield. Proc. Nat. Acad. Sci. USA 35, 533—537 (1949); [9] Supplement to the paper of Dieudonné on the automorphisms of classical groups. Memoirs Amer. Math. Soc. n° 2, 96—122 (1951). [10] A generalization of Hamiltonian matrices. Acta Sci. Sinica 2, n° 1, 1—58 (1953).

Hua, L. K., and Reiner, I.: [1] On the generators of the symplectic modular group. Trans. Amer. Math. Soc. 65, 415—426 (1949); [2] Automorphisms of the unimodular group. Trans. Amer. Math. Soc. 71, 331—348 (1951); [3] Automorphisms of the projective unimodular group. Trans. Amer. Math. Soc. 72, 467—473 (1952).

Hua, L. K., and Wan, C. H.: [1] On the automorphisms and isomorphisms of linear groups. J. Chinese Math. Soc. 2, 1—32 (1953).

IWASAWA, K.: [1] Über die Einfachheit der speziellen projektiven Gruppen. Proc. Imp. Acad. Tokyo 17, 57—59 (1941).

JACOBINSKI, H.: [1] Über die Automorphismen einer quadratischen Form. Kungl. Fysiogr. Sällsk. Lund Förh. 19, n° 8 (1949).

JACOBSON, N.: [1] Pseudo-linear transformations. Ann. of Math. 38, 484—507 (1937); [2] Normal semi-linear transformations. Amer. J. Math. 61, 45—58 (1939); [3] Theory of rings. Math. Surveys, n° 2. New York 1943.

JORDAN, C.: [1] Traité des substitutions et des équations algébriques. Paris: Gauthier-Villars 1870; [2] Sur les groupes linéaires (mod. p) à invariant quadratique. J. de Math. (7), 2, 253—280 (1916); [3] Mémoire sur les formes bilinéaires. J. de Math. (2), 19, 35—54 (1874) (= Oeuvres, vol. III. Paris: Gauthier-Villars 1962).

KAPLANSKY, I.: [1] Forms in infinite-dimensional spaces. Anais Acad. Bras. Ci. 22, 1—17 (1950). [2] Orthogonal similarity in infinite-dimensional spaces Proc. Amer. Math. Soc. 3, 16—25 (1952); [3] Quadratic forms. J. Math. Soc. Japan 5, 200—207 (1953) (cf. Math. Rev. 15, 500 (1954)).

KLINGENBERG, W.: [1] Lineare Gruppen über lokalen Ringen. Amer. J. Math. 83, 137—153 (1961); [2] Orthogonale Gruppen über lokalen Ringen. Am. J. Math. 83, 281—320 (1961).

KNESER, M.: [1] Orthogonale Gruppen über algebraischen Zahlkörpern. J. reine angew. Math. 196, 213—220 (1956); [2] Bestimmung des Zentrums der CLIFFORD-schen Algebren einer quadratischen Form über einem Körper der Charakteristik 2. J. reine angew. Math. 193, 123—125 (1954).

LANDHERR, W.: [1] Äquivalenz Hermitescher Formen über einem beliebigen algebraischen Zahlkörper. Abh. Math. Sem. Hamburg. Univ. 11, 245—248 (1935); [2] Liesche Ringe vom Typus A über einem algebraischen Zahlkörper (Die lineare Gruppe) und hermitesche Formen über einem Schiefkörper. Abh. Math. Sem. Hamburg Univ. 12, 200—241 (1938).

LINGENBERG, R.: [1] Die orthogonalen Gruppen $O_3(K, Q)$ über Körpern von Char. 2. Math. Nachr. 21, 371—380 (1960).

LIPSCHITZ, R.: [1] Untersuchungen über die Summen von Quadraten. Bonn 1886; [2] Analyse française du mémoire précédent. Bull. Sci. Math. (2), 10, 163—183 (1886); [3] Correspondence. Ann. of Math. 69, 247—251 (1959).

MACKEY, G. W.: [1] Isomorphisms of normed linear spaces. Ann. of Math. 43, 244—260 (1942).

MARCUS, M., and KHAN, N. A.: [1] A note on a group defined by a quadratic form. Canad. Math. Bull. 3, 143—148 (1960).

MINKOWSKI, H.: [1] Über die Bedingungen, unter welchen zwei quadratische Formen mit rationalen Koeffizienten rational einander transformiert werden können. J. reine angew. Math. 106, 5—26 (1890) (= Ges. Abh. 1, 219 (1914)).

NAKAYAMA, T.: [1] Über die Klassifikation halblinearer Transformationen. Proc. Phys.-Math. Soc. Japan 19, 99—107 (1937); [2] A note on the elementary divisor theory in non-commutative domains. Bull. Amer. Math. Soc. 44, 719—723 (1938).

NASTOLD, H. J.: [1] Über mehrfach metrische Räume. Arch. d. Math. 9, 256—261 (1958).

OHARA, A.: [1] La structure du groupe des similitudes directes $G O_6^+ (Q)$ sur un corps de caractéristique 2. Osaka Math. J. 10, 239—257 (1958).

ONO, T.: [1] Arithmetic of Orthogonal Groups. J. Math. Soc. Japan 7, 79—91 (1955); [2] Arithmetic of Orthogonal Groups (II). Nagoya Math. J. 9, 129—146 (1955).

PALL, G.: [1] Hermitian quadratic forms in a quasi-field. Bull. Amer. Math. Soc. 51, 889—893 (1945).

PICKERT, G.: [1] Elementare Behandlung des Helmholtzschen Raumproblems. Math. Ann. 120, 492—501 (1948).

RAMANATHAN, K. G.: [1] Quadratic forms over involutorial division algebras. J. Ind. Math. Soc. 20, 227—257 (1956).

RICKART, C. E.: [1] Isomorphic groups of linear transformations. Amer. J. Math. 72, 451—464 (1950); [2] Isomorphic groups of linear transformations, II. Amer. J. Math. 73, 697—716 (1951); [3] Isomorphisms of infinite-dimensional analogues of the classical groups. Bull. Amer. Math. Soc. 57, 435—448 (1951).

SATAKE, I.: [1] Some remarks to the preceding paper of Tsukamoto. J. Math. Soc. Japan 13, 401—409 (1961).

SCHERK, P.: [1] On the decomposition of orthogonalities into symmetries. Proc. Amer. Math. Soc. 1, 481—491 (1950); [2] On regular bilinear forms. Ann. di Mat. (4), 47, 391—400 (1959); [3] Similarities over fields of characteristic two. Trans. Roy. Soc. Canada 53, 15—20 (1959).

SCHMIDT, A.: [1] Über die Bewegungsgruppe der ebenen elliptischen Geometrie. J. reine angew. Math. 186, 230—240 (1949).

SCHREIER, O., u. VAN DER WAERDEN, B. L.: [1] Die Automorphismen der projektiven Gruppen. Abh. Math. Sem. Hamburg. Univ. 6, 303—322 (1928).

SCHWERDTFEGER, H.: [1] Skew-symmetric matrices and projective geometry. Amer. Math. Monthly 51, 137—148 (1944); [2] Symplectic groups and null systems. Courant anniversary volume 1948, 371—382.

DE SÉGUIER, J. A.: [1] Sur les groupes à invariant bilinéaire ou quadratique dans un champ de GALOIS. J. de Math. (7), 2, 281—366 (1916); [2] Les substitutions d'ordre 2 des groupes linéaire, hermitien, gauche et quadratique dans un champ de GALOIS. I. Ann. Ecol. Norm. Sup. 50, 217—243 (1933); II. 51, 79—140 (1934).

SHODA, K.: [1] Einige Sätze über Matrizen. Jap. J. Math. 13, 361—365 (1937); [2] Über den Kommutator der Matrizen, J. Math. Soc. Japan 3, 78—81 (1951).

SPRINGER, T.: [1] Over symplectische Transformaties. Diss. Univ. Leiden 1951; [2] Sur les formes quadratiques d'indice zéro. C. r. Acad. Sci. (Paris) 234, 1517—1519 (1952); [3] On the equivalence of quadratic forms. Kon. Ned. Akad. Wet. Proc., Ser. A, 62, 241—253 (1959).

SPRINGER, T., and VAN DER BLIJ, F.: [1] Octaves and Triality, Niew Arch. voor Wisk. (3), 158—169 (1960).

STEINBERG, R.: [1] Automorphisms of finite linear groups. Canad. J. Math. 10, 606—615 (1960).

TAMAGAWA, T.: [1] On the structure of orthogonal groups. Amer. J. Math. 80, 191—197 (1958).

THOMPSON, R. C.: [1] Commutators in the special and general linear groups. Trans. Amer. Math. Soc. 101, 16—33 (1961); [2] Commutators of matrices with coefficients from the field of two elements. Duke J. Math. 29, 367—374 (1962); [3] Commutators of matrices with coefficients from the field of three elements. Port. Math. (1963).

TITS, J.: [1] Généralisations des groupes projectifs. Acad. roy. Belgique, Bull. Cl. Sci. 35, 197—208, 224—233, 568—589, 756—773 (1949); [2] Généralisations des groupes projectifs basées sur leurs propriétés de transitivité. Acad. roy. Belgique, Mém. Cl. Sci. 27, fasc. 2 (1952); [3] Le plan projectif des octaves et les groupes de Lie exceptionnels. Acad. roy. Belgique, Bull. Cl. Sci. 39, 309—329 (1953). [4] Les groupes simples de Suzuki et Ree. Sem. Bourbaki, 13ᵉ année, exposé 210 (1960—61).

TOYAMA, H.: [1] On commutators of matrices. Kodai Math. Sem. Rep. n° 5—6 (1949)

TsUKAMOTO, T.: [1] On the local theory of quaternionic anti-hermitian forms. J. Math. Soc. Japan 13, 387—400 (1961).

VEBLEN, O., and YOUNG, J. W.: [1] Projective geometry. 2 vol., 2nd ed. Boston 1918—1938.

VAN DER WAERDEN, B. L.: [1] Gruppen von linearen Transformationen. Berlin: Julius Springer 1935.

WALL, G. E.: [1] The structure of a unitary factor group. Publ. math. Inst. Hautes Etudes Scient., n° 1 (1959).

WALTER, J. H.: [1] Isomorphisms between projective unitary groups. Amer. J. Math. 77, 805—844 (1955).

WAN, Z. X.: [1] On the commutator subgroup of the unitary group. Sci. Rec. 4, 343—348 (1960).

WEIL, A.: [1] Algebras with involutions and the classical groups. J. Ind. Math. Soc. 24, 589—623 (1961).

WITT, E.: [1] Theorie der quadratischen Formen in beliebigen Körpern. J. reine angew. Math. 176, 31—44 (1937); [2] Über eine Invariante quadratischer Formen mod.2. J. reine angew. Math. 193, 119—120 (1954); [3] Verschiedene Bemerkungen zur Theorie des quadratischen Formen über einem Körper. Centre Belge Rech. math., Colloque d'Alg. sup. Bruxelles, 245—250 (1957).

WITT, E., u. KLINGENBERG, W.: [1] Über die Arfsche Invariante quadratischer Formen mod.2. J. reine angew. Math. 193, 121—122 (1954).

WONENBURGER, M.: [1] Study of a semi-involutive similitude. Rev. Mat. Hisp. Am., Ser. 4, 20, n° 1 (1960); [2] The CLIFFORD algebra and the group of similitudes. Canad. J. Math. 14, 45—59 (1962); [3] Study of certain similitudes. Canad. J. Math. 14, 60—68 (1962); [4] The automorphisms of the group of similitudes and some related groups. Amer. J. Math. 84, 600—614 (1963); [5] The automorphisms of $PO_8^+(Q)$ and $PS_8^+(Q)$. Amer. J. Math. 84, 635—641 (1963).